U0152549

野村克也
胜负哲学

80
WORDS
成就
美好人生

[日] 桑原晃弥 著

周征文 译

人民东方出版传媒
People's Oriental Publishing & Media
东方出版社
The Oriental Press

图书在版编目（CIP）数据

野村克也胜负哲学 / （日）桑原晃弥 著；周征文 译 . — 北京：东方出版社，
2023.10
ISBN 978-7-5207-3477-6

Ⅰ . ①野… Ⅱ . ①桑… ②周… Ⅲ . ①野村克也—人生哲学 Ⅳ . ① B821

中国国家版本馆 CIP 数据核字（2023）第 094043 号

LEADER TOSITE KEKKA WO DASU
NOMURA KATSUYA NO KOTOBA
Copyright © 2020 by Teruya KUWABARA
All rights reserved.
Illustrations by Masatoshi TABUCHI
First original Japanese edition published by Liberalsya, Japan.
Simplified Chinese translation rights arranged with PHP Institute, Inc.
through Hanhe International (HK) Co., Ltd

本书中文简体字版权由汉和国际（香港）有限公司代理
中文简体字版专有权属东方出版社
著作权合同登记号 图字：01-2023-2408 号

野村克也胜负哲学
（ YECUNKEYE SHENGFU ZHEXUE ）

作　　者：[日] 桑原晃弥
译　　者：周征文
责任编辑：贺　方　张叶琳
出　　版：东方出版社
发　　行：人民东方出版传媒有限公司
地　　址：北京市东城区朝阳门内大街 166 号
邮　　编：100010
印　　刷：北京文昌阁彩色印刷有限责任公司
版　　次：2024 年 1 月第 1 版
印　　次：2024 年 1 月第 1 次印刷
印　　数：1—4000 册
开　　本：787 毫米 × 1092 毫米　1/32
印　　张：6.25
字　　数：105 千字
书　　号：ISBN 978-7-5207-3477-6
定　　价：54.00 元
发行电话：（010）85924663　85924644　85924641

版权所有，违者必究
如有印装质量问题，我社负责调换，请拨打电话：（010）85924602　85924603

前言
"勤智双修"，前途无量

野村克也的语录为何能打动如此多人的心灵？其原因在于，作为"棒球人"，他不但拥有压倒一众对手的战绩，而且通过实践获得了知识、经验和理论心得，加上他博览群书，使它们得以精炼和升华。这一切的一切，让即便是与棒球无缘的人，也能从他身上学到很多有用的东西。

作为棒球选手和教练的野村，其战绩可谓辉煌。可他的起点并非一帆风顺，这一点在本书正文中也会有所介绍。野村起初只是一个球队练习生，且不被周围人所看好。实际上，在进入球队的短短1年后，他还收到了解雇的通告。但当时的他坚持要"成为职业选手，赚取相应高薪"，或许是这股火热的执着感染了球队负责人，他总算被允许留下。

可之后迎接他的，也是坎坷非常的职业之路。在加入球队的第4个年头，即1957年，他完成了30支本垒打，成为那一年的本垒打之王。可在之后的比赛中，面对对手的"曲线变化球"的投球战术，他十分头痛。先前超过3成的击球成功率，顿时跌至2.5成左右。在这样的低迷期中，他拼命努力于"预判对手的投球套路"，而这份努力获得了回报——他最终成为日本第二次世界大战后的首位三冠王，且创造了职业生涯本垒打总数657支（这在日本职业棒球历史上排第2位）等惊人的球坛纪录，成为王牌选手。

1980年退役后，野村通过他主持的《野村视角（scope）》等棒球比赛的解说和分析节目，使更多人了解了他卓越的棒球理论，这使他人气高涨。1990年，他出任职业球队"养乐多队"的教练，并使这支曾经9年连续止步于B级的球队获得了4次中央联盟冠军和3次日本第一的佳绩。之后，他又先后担任阪神队和乐天队的教练。至此，他作为"日本知名教练"的地位正式确立。

日本棒球圈子有句老话，叫"知名选手成不了知名教练"。可野村却打破了这样的成见，他"既是知名选手，又是知名教练"。而成就这一切的，或许正是他年轻时"试图凭借努力和智慧来超越天才球手"的不懈奋斗。

野村心中的"天才"是像长岛茂雄这样的人。长岛被誉为"职业棒球先生",其拥有"能够应对各种投球"的体力和才能,而野村则没有这般天赋。但也正因如此,野村当年每天潜心练习"预判对手的投球套路",靠勤奋挥棒,一步一个脚印地努力。

而也只有野村这样的人,才能在"非一流选手"中发现有前途的好苗子,并激发出他们的潜力。再纵观我们这些普通人,平时看到出色能干的人,就会美慕其才能,并细数自己相应的欠缺,最后自怨自怜地叹息"我是做不到的"。可如果看过了野村写的书,知晓他的语录,就能明白"罗列自身缺陷"的愚蠢,也才意识到自己的问题在于"缺乏正确的努力"。

奥运奖牌得主们经常会说:"自己的努力得到了回报。"但另一方面,"得不到回报的努力"的确也存在。这也是为什么有不少人轻视努力本身的价值。但在野村看来,努力既要有"量",也要有"质"。

要想成事,就必须努力。但野村强调,在努力的同时,还要自问"自己努力的方式方法是否正确",且唯有以正确的方式方法持续努力,才能有所回报。换言之,仅靠单纯的努力并不能取得成功,必须具备思考"何为正确的努力"的智慧,并予以实行。

　　野村的诸多语录，便是在传达这种"思考之力"和"奋斗之力"的重要性。假如一个人的人生只取决于其天赋和出生环境，那么人生就成了按照既定路线行驶的轨道交通。而野村指出，除了天赋和出生环境外，人通过"勤智双修"，照样能前途无量。

　　当下是个严酷的时代，不少人由于疾病或灾害而陷入困境。但越是这样的时代，野村的箴言语录就越有参考意义。哪怕做不到像他那般努力，至少也能学会凭借自己的勤奋和智慧，试着闯出一条新路。

　　若本书中所介绍的野村语录能为各位读者打气，则本人荣幸之至。

　　在执笔本书的过程中，我得到了自由社（出版公司）的伊藤光惠女士、安田卓马先生和仲野进先生的鼎力相助。在此致以衷心感谢。

　　最后，衷心希望于2020年驾鹤西去的野村克也先生灵魂安息、冥福久长。

桑原晃弥

目录

第三章　组织强大的条件

第四章　出成果的技巧

第五章　获得成长的活法

第六章 超越天才的战略

第七章　把握机遇的秘诀

第八章　打动人心的奥秘

第一章

领导应有的特质

WORDS OF
KATSUYA NOMURA

领导不成长，组织不发展

组织的能力大不过领导的能力。

从 39 岁那年（1933 年）起，松下创始人松下幸之助就坚持在每天的晨会上向员工阐述自己的思考和心得。一开始，他对此还不习惯。但随着每天的不懈努力，他的公司最终发展为国际化大企业，他本人也被誉为"经营之神"。

有句话叫"组织的能力大不过领导的能力"，这并非指领导能力的局限性，而是在强调"若领导每天不断努力成长提升，则其组织也能相应地一同发展"。所以说，这是一句积极正面的话。而野村克也亦是此"组织理论大原则"的拥趸。不仅如此，他还进一步认为"（领导）唯有自己率先求成长、求变化，所带的队伍才能实现成长和变化"，而他的确也是这样付诸行动的。

但大多数人其实不容易做到这一点。对于靠之前的成绩、业绩或功绩而坐上领导之位的人来说，"求变"并不轻松。如果抱有"自己（靠固有做法）之前一直比较成功"之类的观念，那么就更难求变。但若不求变，组织则会停滞不前，止于"其领导的既有格局"之内。可见，能否下决心"求进步、求变化"并付诸行动，其不仅关乎领导本人的命运，也左右整个组织的前途。

组织的变化取决于领导
是否有"信"

领导有"信",则组织会正面发展。

《论语》有云"民无信不立"。文中，孔子被问到："何为政治的重要课题？"，他的回答是"保障粮食"、"充实军备"、"取信于民"，并强调"执政者若不能取信于民，统治便无法成立"。

　　野村亦指出，"信"是成为优秀职业棒球教练的条件之一。哪怕是同样的话语，出自不同人之口，听者也会有不同感受。比如，若是自己信赖的上司训斥自己，也会觉得这是有益的教诲，从而铭记。反之，若是自己不信赖的上司，即便在表扬自己，也绝不会打心里高兴。

　　野村年轻时曾效力南海队，当时该队的主要对手是东映队。东映队当时人才济济，实力派球员众多，可球队整体协调性欠佳。后来，其教练换成了曾在 20 世纪 50 年代带领巨人队获得 8 次联赛冠军的水原茂，这使东映队脱胎换骨。在他执教的第二年（1962 年），东映队便创造了日本联赛排名第一的佳绩。

　　这是如何实现的？按照野村的说法，水原这人非常有信誉，而队员也信任他，从而愿意开展彻底到位的团队合作。可见，领导是否有"信"，将会决定组织的命运。

领导有"觉悟"，下属就会认真

最后要认定目标，敢于拍板。

领导做"决断"时所需的，是"一切由我担责"的坚定意志。

这便是"觉悟"。

野村指出，越是大赛，胜负越是取决于实力之外的因素。棒球比赛需要缜密的推演判断，但要在此基础上最终敲定战术，则需要"觉悟"，也就是"敢于决断的意志和魄力"。体育竞技，没人能事先保证"绝对能赢"，也没有"常胜将军"，因此作决断的领导需要有"一切由我担责"的魄力，以及鼓励队员"失败亦无妨，但要拼尽全力"的胸怀。而这样的魄力和胸怀，便可统称为"觉悟"。

　　另一方面，下属其实也在掂量和评估领导，在观察领导是否有这样的"觉悟"。当决断出错、结果失败时，如果领导翻脸"甩锅"，反过来指责下属道"你们怎么搞的?""你们根本没领会我的精神"……这般推卸责任的领导，自然毫无信用。所以说，唯有当领导敢于担责，并鼓励下属放手去干，下属才会信任领导，并认真履行指令。

依靠既有条件取得战果

依靠安排调配既有战斗力取得胜利,

方为领导的职责所在。

谈到自己的企业时，有人会说："要是我们公司知名度能再高点儿就好了。"不少人会有这样的牢骚，而这是一味盯着"自己没有什么"的思维方式。

其实，除了极少数被上天眷顾的人之外，绝大多数人的工作环境和条件都存在各式各样的"不足"和"匮乏"，当然也会因其而烦恼。但在现实中，即便空想没有的东西也无济于事。说到底，只能依靠自身既有的东西去竞争。

纵观野村执教过的球队，除了高人气的明星球队阪神之外，几乎都是较为普通的球队，它们在资金和人才等方面都不充裕。可他依然4次带领球队夺取日本职棒联盟冠军，其中3次是养乐多队，战绩辉煌。究其原因，除了野村培养球员的过人技术，还得益于他"依靠既有战斗力胜出"的指导能力。

他曾说："若只纠结自己'缺人才'、'没有钱'，这些没有的东西也不会从天而降。唯有着眼于自己既有的东西，想办法让它们发挥作用，同时努力攻击对手的弱点和破绽，方能成功逆袭、以弱胜强。"

可见，领导应有的特质并非大把花钱、招兵买马、压倒取胜，而是一边安排调配既有战斗力，一边靠智慧灵巧取胜。换言之，依靠既有条件取得战果，才是真有水平的领导。

不到最后不可放心、放弃

"一切"结束后，方可放心。

成语"画龙点睛"有一层寓意是，做任何一件事情，无论之前做得如何出色，但是关键的那一步没有做好，可能一切都会等于零。所以要专注于事物的关键点，画好最后的点睛之笔，事物才能变得圆满。因为人往往容易在最后关头麻痹大意。

1979 年，由近铁队对战广岛队的日本职棒年度第 7 场系列赛的第 9 局下半局，可谓载入史册的攻防之战，人称"江夏 21 球"，其至今依然被球迷们津津乐道。当时，以 3 比 4 落后 1 分的近铁队试图在无出局满垒的情况下扳回劣势。若能靠反攻逆转局势，则时任近铁队"名将教练"的西本幸雄便能斩获他执教生涯中的首个日本系列赛冠军。

当时，担任《产经体育报》棒球解说员的野村看到西本教练嘴角上扬，洞察到了其中的"大意"。而结果不出野村所料——近铁队错失了反败为胜的机会，广岛队拿下了那年的日本系列赛冠军。野村坦言，这场比赛让他再次认识到"身为将领，唯有等真正胜利时，才可露出笑容"。

不仅是棒球比赛，商战亦是如此。不到最后一刻，不知会发生什么突发情况。看似处于绝对劣势的一方，若能不放弃、不抛弃，坚持到底，待对手露出破绽后，亦能扭转局势。这样的冷门并不少见。所以说，"不到最后决不放弃"是重要的人生哲理。而对于领导而言，则更应坚持到最后结果出炉，在此之前，切不可放心大意或气馁放弃。

下属看透上司，只需 3 日

教练在观察队员，队员也在观察教练。

有句话叫"下属看透上司，只需3日"。意思是，上司作为新官走马上任后，需要花费较长时间来清楚把握每个下属的个性和特点，可下属看透上司，则只要3天就够了。

对下属而言，如果觉得上司有在关心自己，则自然会乐意听命。反之，倘若下属发现上司是个只会一味讨好上层和打压下级的家伙，当然就不会真心服从。

野村曾指出，比赛有4大要素，它们是"战力"、"士气"、"变化"和"心理"。其中，"士气"尤为重要。若能让我方士气高涨，包括让在板凳上的替补队员都充满干劲，那么队员就会关注和服从教练的指挥，从而使整支队伍发挥出色。

举个反面例子，当对方投手投出4个坏球时，我方队员自然会觉得"对方球队的投手看来状态不佳"，可如果此时我方教练却对我方击球手发出"触击"的指示，队员们自然会愕然，觉得"咱们的教练真怂"（投手投出4个坏球后，其所在队伍就会换人投球，此时击球的一方可以满怀信心争取本垒打，但也可十分保守地采取触击球策略。所谓触击球，即击球手有意等球碰棒或用棒轻触投手投过来的球，从而使球缓慢滚入内场的策略。），于是在心中给教练"差评"。

可见，领导的胆怯和大意，皆逃不过队员们雪亮的眼睛。所以说，居上位者，必须明白"下属观察你，比你观察下属还要仔细"，并要以这样的意识思考和行动。

身为领导，狂热和冷静缺一不可

若一味感情用事，则会失掉胜利。

提到野村，人们往往会联想到他的"碎碎念"。对此，他曾为自己辩解道："我虽然会碎碎念，但几乎从不发火或暴怒。"

他的理由是"若一味感情用事，则会失掉胜利"。一般认为，竞技比赛是力量与力量、智慧与智慧的对抗，但在他看来，无论实力多么强大的选手，一旦心乱，则其也无法很好地发挥。

在还是球员的现役时代，身为接球手的野村常常会事先对对方的击球手轻轻来一句"你给我乖乖站好，你击不中球的"。这句话只是唬人，野村自己并没有什么底气，但对对手而言，万一挥棒落空，就会真以为"自己的战术完全被看破了"，从而心生焦虑。而哪怕没有挥棒落空，对手心里也会有个疙瘩，疑惑："他刚才干嘛那么说？"从而受到干扰，进而使自己注意力受到严重影响。不仅如此，若碰到脾气暴躁的击球手，还会对野村的这番"挑衅"感到愤怒，从而把原本应该放在球上的注意力转移到野村身上，最终被三振出局（击球员三击不中而出局）。

有位企业家曾指出，企业经营的要诀是"狂热和冷静缺一不可"。此话不假，尤其身为领导，无论面对怎样的情况，都不可被感情所支配，而要冷静沉着地应对。

不要混淆"该传达的信息"和该隐瞒的信息

身为教练，必须分清"什么该烂在肚里"、"什么该告诉队员"。

当今时代，崇尚的是"尽量将信息透明公开"，但其实信息的重要性有高有低。按照《孙子兵法》的思想，领导没有必要向全员公开所有信息。

身为教练，是否应该向队员和盘托出自己的想法？这个问题曾经也让野村苦恼许久。1973 年，野村率领的南海队在前半赛季取得优胜，而阪急队则在后半赛季取得优胜，按照赛规，两队最终要通过 5 场比赛来决胜负。要想战胜当时实力占上风的阪急队，南海队就必须在关键的第 1、3、5 场（重视第 1、3、5 场比赛，尤其把王牌球员登场的第 1 场比赛的胜利看得很重，这是一直固有的传统棒球战术理论。）比赛中发挥出色。于是，野村打算在第 1、3、5 场比赛中倾注全力，至于第 2、4 场比赛，他则认为"赢到就是赚到，输了也正常"。

结果，南海队首战如意告捷，而第 2 场比赛也输得意料之中。至此，野村向队员们表明了自己的战术意图。结果，南海队在第 3 场比赛取得胜利，而第 4 场比赛则大败。虽然这结果与野村的计划和预期相符，但他后悔自己告诉了队员"第 4 场比赛输了也无妨"。最终，南海队在第 5 场比赛中取胜，获得了冠军。但打那以后，他认识到，身为教练，必须分清"什么该告诉队员"、"什么该烂在肚里"。换言之，对于下属，领导不可混淆"应该传达的信息"和"应该隐瞒的信息"。

领导要保持正面情绪

即便不付诸言语,

教练的思想和内心也会被队员感知。

一个人的热情、勇气抑或不安，都会传染给周围的人。尤其是一个团队或组织的领导的情绪，即便不露声色，也会在下意识中被下属感知。

对此，野村有刻骨铭心的教训。他曾执教养乐多队长达9年。其间，他为该球队夺得4次日本职棒联盟冠军。但自从1992年和1993年两年连冠之后，每次夺冠后的第二年，养乐多队往往都会止步于第4名。

对于该"魔咒"，野村后来自省道："可能是我自己放心的安逸情绪，在不知不觉中传染给了队员们。"换言之，在获得优胜后，他那"可以松口气"的情绪被队员们所感知，于是队员们也有所松懈，从而导致养乐多队跌入了怪圈：在优胜的第二年铁定止步于第4名。鉴于此，身为领导，为了避免这种情况，就必须明白和牢记"即便不付诸言语，自己的想法也会被下属感知"，因此一刻都不可散漫或放松。这便是野村的心得教训。

可见，即便不付诸言语，领导的情绪也会被下属感知。所以说，领导需要时常保持正面情绪，杜绝负面情绪。

要能提供一矢中的的建议

"5W1H"确实需要,

但指示要基于"HOW"。

"只会说'加油'的管理者算不上管理者，只是个拉拉队员而已"——这是丰田企业内部的名言之一。其意思是，企业管理人员的职责不是一味叫员工加油，而应该思考"更优化、更减负的工作方式"。

在还是球员的现役时代，野村曾效力于南海队。当时队伍的教练是鹤冈一人。当队员问鹤冈如何调配投球时，他总是答道："自己去想！"而并不下达具体指示。但野村对此不予苟同。在野村看来，教练在指示队员时，不可止于"尽力去拼"之类基于"单纯愿望"的泛泛之谈，而必须根据实际情况，针对对手的弱点、癖性、球路等，进行具体的指导和指示，也就是向队员传授 5W+1H 这 6 个方面的问题，并思考其中的"How"。

至于其理由，野村曾解释道："通过具体指示，能够减轻队员的责任包袱。"反之，如果只叫队员或下属"自己去想"、"尽力去拼"，则等于是让他们背负所有责任，这恰恰会让他们缩手缩脚、不知所措。而如果获得了领导的具体指示，队员或下属反而心里有底，觉得"即便失败，也是上司的责任"，结果反而能够真正尽力去拼。总之，虽说"手把手从一教到十"会扼杀下属的自主性，但上司必须时刻能为下属提供一矢中的的建议。

第二章

WORDS OF
KATSUYA NOMURA

发掘人才的要诀

看人要"回归白纸状态"

要想慧眼识人和伯乐识才，

看人时就要学会"回归白纸状态"。

野村克也的一大过人之处在于"慧眼识人"。他曾强调"看人要'回归白纸状态'"。

说到当年养乐多队的名将之一饭田哲也，大家首先想到的是他"捷足巧打"的本领，以及那华丽的防守。可在野村执教养乐多队之前，饭田的角色一直是接球手。

而野村在看到饭田后，察觉到"仅凭这迅敏的腿脚，饭田就能当主力"。要知道，在遇到野村这个伯乐之前，从高中时代起，饭田一直是个接球手，谁都没想过发挥他动作敏捷、跑速极快的才能。而在毫无先入为主的固有观念的野村眼中，饭田的才能得以发掘。野村当时立即把他换到防守位置。而在这能够发挥自己专长的位置上，饭田最终成长为职业棒球界的榜样级外场手。

可见，要想慧眼识人和伯乐识才，关键要先"撕掉"贴在该人身上的"标签"，以"回归白纸状态"的方式观察和分析。

不仅如此，在解决问题时，这种"回归白纸状态"的视角亦很重要。倘若陷入自己狭隘的思维定势不能自拔，一味认定"事情肯定只能这样"，就无法正确解决问题。

先观人，后传道

只是摸索也无妨，"看人讲话"是关键。

野村有"野村再造工坊"的美誉。顾名思义，不少曾经辉煌却日渐衰退的选手，在野村的指导下，迎来了运动生涯的"第二春"。此外，一些一直屈居"二流"而得不到发挥的替补选手，也在野村的发掘下跃升为主力队员，日益崭露头角。

　　那么问题来了，野村是如何让这些选手树立信心和干劲儿的呢？他重视的是"观人传道"。比如，曾经是球队王牌的江夏丰和从未当过主力队员的江本孟纪，这两人的战绩和性格截然不同，假如教练对他们说同样的话，肯定无法说到他们心里去。

　　而野村则会先"仔细观察对方"。在吃透了对方的性格后，就能知道对方"吃哪一套"。比如有的人会因为被夸奖而努力，有的人会因为被训斥而奋起，有的人会因为受到鼓励而激发干劲……通过为对方"量身定制"的话语，就能激活每名队员的潜力。

　　某位企业家也曾透露，说自己还是上班族的时候，在升到管理人员后，每次到一个新的部门上任，其都会先花一段时间观察下属，并思考该针对每个人说怎样的话。总之，要想打动人、要想让人为己所用，只是摸索也无妨，但关键一定要认真观察每个对象，然后再"看人讲话"。

唯有经历过失败，才会虚心听取他人意见

失败之时，才是察觉自身错误之时。

丰田生产方式里有句话叫"穷则思变"（丰田汽车公司基于"高效造车"理念而发明的生产方式。该方式不仅包括生产流程和手段，还包含看问题的方式和思维方式。其如今被全球众多企业所借鉴和运用。）。意思是人的本性并不喜好变化，唯有在真正遭遇困境时，才会拼命绞尽脑汁想法子。

野村在担任教练时，曾告诫手下的技术指导"尽量不要主动去指导队员"。他的理由是"失败之时，才是察觉自身错误之时"。打个比方，假设一名队员的击球方式明显有问题，但如果该选手自己没有"搞砸了"、"得改正"之类的自觉意识，无论技术指导再怎么苦口婆心，其本人也很难听进去，自然也不会求变。

反之，如果队员尝到了失败的苦果，便会认真问技术指导"我该怎么做?"。此时，其上进心和求知欲处于"爆棚"的状态，对于技术指导的话，当然会认真聆听，也会努力将其为己所用。

可见，人不碰到困难，就不会开动脑筋，也不会真正求变。鉴于此，作为领导，平时不可轻易向下属传授心得，但应做好准备，以便在下属真正希望改变自我时，能够随时向其提供"对症下药"的建议。

随意的表扬，会影响教练的信誉

对于表扬，须慎之又慎。

因为其会将教练的见识和能力暴露无遗。

在育人方面，有句话叫"赞批兼顾"，意思是表扬和批评缺一不可。可在现实中，有的领导擅长批评下属，却不懂怎样表扬下属；有的领导特别会捧下属，可在需要批评下属的关键时刻，却不知如何去做。

对于表扬，野村持极为谨慎的态度。他的理由是，如果教练老是夸队员，就会显得廉价，其言语的分量也会减轻。

野村当年还在以选手的身份为南海队效力时，时任教练的鹤冈一人只表扬过他一次。但那仅仅一次的表扬，却让野村拥有了巨大的自信。

相反，倘若教练表扬队员的方式或焦点有误，队员就会心想："因为这点儿事就表扬我"、"这个教练拎不清"，从而怀疑教练的见识和能力。因此对于表扬队员这件事，教练必须小心和注意。

近几年的思潮认为"下属被夸才会成长"。但野村对此打个问号。虽然这种思潮似乎附和了如今的时代走向，但这究竟能否有助于下属和新人的成长，的确存在疑点。

总之，表扬也好，批评也好，唯有贴合"对象"、"内容"和"时机"，才能发挥效果。这是野村不变的信念。

表扬需谨慎，关键看时机

磨炼下属分 3 个阶段：无视、称赞、非难。

在野村提出的培养人才的原理原则中，其将"磨炼下属"分为3个阶段，它们是无视、称赞、非难。具体来说，对于完全"废柴级"的队员，他会选择"无视"；对于稍有希望的队员，他会选择"称赞"；对于已然成长为球队核心的队员，他会选择"非难"。

据说这是野村当年在为南海队效力时，其教练鹤冈一人的做法。从头到尾，鹤冈只表扬过野村一次。那是野村加入南海队的第3个年头，当时是赛季的开幕战，野村在球场过道与鹤冈教练擦身而过。换作平时，鹤冈只会"哦"一声，可那天他竟然对野村说："你表现得不错啊。"这句话震彻野村的骨髓。打那以后，为了再次获得鹤冈的表扬，野村更加努力。

可之后哪怕夺得了三冠王，鹤冈也再没表扬过他。反而一直数落他"是个不值钱的选手"。

这番辛酸的经历，却激起了野村的反骨之心。而在野村自己当上教练后，他也从不轻易表扬队员。在野村看来，身为领导或指导，表扬下属或队员一定要讲究时机，且应该慎重。

要让内在努力追上外表

憧憬并模仿外表酷帅的选手，

在此过程中历练出与之相符的内在实力，

便成了真正的巨星。

美国商界有句话："要想成功，一举一动都要向成功企业家靠拢"。其意思是，即便还不具备成功企业家的实力，也要坚持模仿成功企业家的"范儿"，从而不断接近成功企业家的境界。

野村当年看到刚加入欧力士队的铃木一朗时，一眼就觉得"这小伙子不错"。可在加入该球队的头两年，铃木一朗完全没有进入第一梯队。究其原因，是由于时任球队教练的土井正三认为铃木一朗的"钟摆打法"对职业投手不起作用，所以不愿重用他。

对于当时的铃木一朗，野村感觉他的确隐隐约约有"想表现得很酷"的想法。但野村对此并不持否定态度。在他看来，铃木一朗通过努力，能让这份"酷帅"兼具与之相符的内在实力。换言之，选手即便起初只是源于"希望表现得酷帅"等浮于表面的动机，但通过相应的努力，最终便能成长为货真价实的明星队员。

总之，"只有花架子"的选手是不行的，但如果"内在实力与酷帅外表相符"，则完全没问题。可见，所谓"要想成功，一举一动就要像个成功者"的说法也有道理。因为这的确是促进成长进步的原动力之一。

领导应该"培养下属"、"创造业绩"两不误

留名留成绩自然重要，

但更重要的是培养和留下人才。

在造物的工匠领域，有句话叫"要塑物，先塑人"。其意思是，要想打造好的物件和物品，首先要培养人才，有好的人才，才能造出好东西。

而野村亦曾一直思考"如何育人"。在一次演讲中，听众问他："在打造组织和团队方面，最重要的是什么？"野村当时答道："我认为，其基本前提是'塑人育人'。要想打造一支好球队，首先必须把一名名队员培养成实力够格的职业选手。这便是'树人工程'。"

常有人说，职业棒球是技术为王的领域。但在野村看来，技术的进步离不开选手的成长，再加上组织的格局不可能大过领导的格局，因此领导自身也必须不断成长和提升。

体育界对于教练的评价，往往会侧重于其带领队伍的获胜次数和夺冠次数，但其实更为重要的指标应该是"教练培养出了怎样的队员"、"教练让队员成长了多少"。

总之，真正的领导应该做到"培养下属"、"创造业绩"两不误。

18

人格教育乃领导之天职

若无人格成长，则无技术进步。

说到棒球理念，野村和其他教练的一大不同之处在于，对人格教育的强烈执着。

　　至于其理由，按照野村自己的说法，职业棒球选手大多从小就开始埋头练习，对于他们，周围的人往往也觉得"只要好好练棒球就行"，于是，即便在功课学习、一般常识乃至礼仪礼节方面有所欠缺，大家也会容忍默许。而当他们实现目标、成了真正的职业棒球选手后，教练和指导一般也会只要求他们"出成绩就好"。而在野村看来，在这般"溺爱"之下，选手迟早会出问题。

　　即便拥有出众的实力和才能，可如果在人格教育方面有所欠缺，那么有的选手就会渐渐禁不住诱惑，从而放纵作乐；有的则会变得自私自利，丧失"团队协作"意识……鉴于此，关键要告诉选手怎样做人，并对他们实施彻底到位的人格教育。一旦在人格方面有所成长，选手自然会逐渐拥有自己的"棒球哲学"，从而最终获得技术方面的提升，这便是野村心中的"正确成长顺序"。所以说，身为领导，不但要注视下属的成绩和成果，还必须帮助下属实现人格层面的成长和提升。

超越天才靠智取

因为兼有"无法成为天才"的自卑感和
"不想输给天才"的好胜之心，
所以只能绞尽脑汁地思考。

这世上的确有众人公认的天才运动员。而野村真心佩服的天才级击球手之一，则是长岛茂雄。

野村把击球手分为 4 类：主攻直线球但亦能应对变化球的击球手、击球球路固定的击球手、击球方向固定的击球手以及猜测预判投球方式的击球手。可长岛不属于其中的任何一种。

长岛凭借自己优秀的反射神经和动物般敏锐的直觉，对于任何种类的投球，都能从容应对。与之相对，野村很怕曲线球，对其难以招架，因此只能努力预判曲线球的轨迹。为了获得预判依据，他努力研究各投手的习惯和特点等，最终成长为顶尖击球手。

换言之，野村不像长岛那样天赋异禀，但凭着一股不服输的劲儿，他拼命思考，用脑子打球，最终成为超越长岛的击球手。在看到天才时，大多数人只会感叹一句"谁让那家伙是天才呢"，然后就没有然后了。可如果能像野村这样拥有"不想输给天才"的好胜之心，就会接着思考"自己该怎么做"，从而使超越天才成为可能。

第三章 —— 组织强大的条件

核心选手决定组织的行进方向

组织拥有核心，方能发挥作用。

苹果公司的创始人史蒂夫·乔布斯曾说："不少企业拥有优秀人才，但最终缺乏凝聚人才的重力。"换言之，在乔布斯看来，要想打造伟大的产品，光靠人才和金钱并不够，还需能凝聚整合这些资源的"重力"。

野村的理念亦类似，他认为，若想打造强大的组织，其"核心"必不可少。就拿日本棒球强队巨人队的9连冠全盛期来说，当时球队里有王贞治和长岛茂雄这对"绝代双骄"，但他俩并非只会击球，还以身作则、团结队伍，这才发挥出了巨人队压倒性的优势。

再看在2016年时隔25年夺得中央联盟赛冠军的广岛队，当时该队拥有黑田博树和新井贵浩两位球星，他们团结协作的表率作用，让整支球队团结一心，从而一路冲冠成功。

可见，在一支队伍中，核心选手的言行会在很大程度上影响其他队员。所以说，组织是朝着正确方向团结奋进，还是朝着错误方向分崩离析，皆取决于核心选手。鉴于此，组织领导的职责在于发掘有望成为凝聚队伍的"重力"的"核心选手"，并对其予以培养。

不要被"愿望思维"
所蛊惑

"愿望思维"会让人一失二物。

"愿望思维（Wishful Thinking）"是一个比较流行的词。比如一个学生在复习应考时一个劲儿猜题押题，满脑子想"要是这些都押中了，我就满分了……"但这归根结底只是自己的一厢情愿。

在职业棒球比赛中，由于这种"愿望思维"而在关键时刻痛失胜机的情况亦时有发生。比如，有的教练认为"再压制1个击球手就能获胜了"，却全然不觉自己队正在场上的投手已经明显体力透支、球势变弱，仍然让其继续投球，心里还打着如意算盘："这样决定胜局的话，咱们队的其他投手就能休息了。"而在野村看来，倘若沉醉于这种"愿望思维"，则十有八九会出事。

按照野村的说法，"愿望思维"会让人一失二物。其一是"对于对手的实力和毅力的戒备之心"；其二是"认清自身实力瓶颈的谦虚之心"。反之，如果具备这"二物"，便能避免盲目乐观，并居安思危、考虑周全、拼命取胜。

"愿望思维"常常会以"事与愿违"而告终。鉴于此，唯有做好最坏打算，然后朝着最好的方向努力，方能心想事成。

能满足顾客的期待才算得上"专业"

是否把"满足顾客的期待"视为义务，

可谓大相径庭的境界之差。

被誉为"现代营销学之父"的菲利普·科特勒曾指出："应该认识到一个现实，那就是'许多营销者并没有打心底把消费者放在首位'。"换言之，虽然不少企业打着"顾客第一"的旗号，但其实却在时不时地轻视消费者。

而在野村看来，职业棒球界亦必须认真思考和遵循"顾客第一"的理念。在他担任教练时，曾对队员强调道："球迷来看比赛是花了钱的。在开赛前，你们要好好思考'他们希望看到怎样的比赛'。"

在这方面做得十分到位，以至于让野村佩服不已的是长岛茂雄。在选手生涯中，野村曾经和长岛同队。当时，哪怕是赛季之间的"淡季"的日美棒球对抗赛，长岛也都场场出场。野村担心他身体会吃不消，就建议道："你去找教练请个假休息休息不好吗？"对此，长岛答道："说不定有观众是特意来看我的，说不定这是他（她）第一次来看棒球赛，说不定这是他（她）一辈子唯一一次来看棒球赛。这么一想，我哪儿能休息呢？"

野村感叹："这才是货真价实的职业选手的意识。"可见，"满足顾客的期待"自不必说，若能超越顾客的期待，那就更称得上"专业"了。

23

不可任人唯亲，
要谨记"量才用人"

人事决定不可基于派系和情面。

若在安排岗位和角色时不能做到位得其人，

则组织必会腐坏。

有句话叫"权腐十年"，即长期掌权会容易滋生腐败。而其中的主要原因之一是"用人之误"。一旦擅于溜须拍马的无能下属多过忠言逆耳的有能下属，一个组织的权力架构就会失常。

野村曾坦言，在他曾经效力过的南海队，担任过教练的鹤冈一人便是典型的反面教材。当时，队里对其有"鹤冈老大"的称呼。顾名思义，有的队员是鹤冈的"小弟"，有的则不是，这等于是产生了派系。如此一来，属于"鹤冈派"的队员们自然团结一致，可不属于该派系的队员们就被边缘化。这最终破坏了整支球队的团结，明明应该"一致对外"、战胜对手，却形成了"窝里斗"的局面。自不必说，这样的队伍是缺乏战斗力的。

鉴于此，野村后来当上教练后，一直注意"不制造派系"。比如，假若和某个队员单独出去吃饭，那么没被邀请的队员就会不高兴。为了避免这种矛盾，他从不与特定队员私下出去吃饭，从而杜绝某个队员被贴上"野村派"标签的情况。

政治家后藤田正晴也曾指出，"如果非要从'有能力但不顺眼'和'很顺眼但没能力'的下属中选其一，则应选前者"。这才是真正的"位得其人"、"量才用人"。

不要为了自己，而要为了队伍战斗

具备"为了队伍"这种自我牺牲精神和责任感的人，方为领导之才。

有的人明明能力水平相同，但在成为管理人员后，彼此之间却突然拉开差距。对此，某位企业家经过调研后发现，成绩斐然的管理人员"没有私欲"，而不出成绩的管理人员则"心存私欲"。

管理者的职责明明是"靠用人出成果"，可有的却什么都要全揽全管，有的却一心只想独占功劳。这样势必难以获得下属的信赖，也无法团结下属。

在职业棒球界，"战绩"自然是评价选手的第一基准。但在野村看来，这并不意味着"战绩优秀的选手就能胜任队长一职"。战绩哪怕再好，假如该队员有"自己战绩好就行"的自私心态，就会"重个人，轻队伍"，从而无法取得众队员的信赖，自然无法成为合格的队长。

所谓队长，不仅要在平日的练习中发挥表率作用，还需要具备"甘愿为球队牺牲自我"的集体精神。按照野村的"组织论"，一支强大的队伍，势必少不了具备这种特质的优秀队长。

切勿把"团队合作"和 "友谊社团"相混淆

一支队伍不可沦为嘻嘻哈哈的"友谊社团"。

前面也讲过，野村在打造球队时，"贯彻团队优先主义"是他重视的要点之一。在职业棒球选手中，比起自己所在球队的成绩，有的人更重视自己的个人成绩。因此即便自己的队伍输了，只要自己的个人表现出色，其还是会感到满意。

可如此一来，球队便无法变强。在野村看来，队员不可认为"自己的出场表现帮助了队伍"，而应该思考"为了让队伍取胜，自己该做些什么"，这样才能让球队变强。话虽如此，但野村亦指出，如果球队成了一团和气的"友谊社团"，那也是不行的。

有这么一支弱队，当其选手因失误而出局下场后，其他队友会"鼓励"他"不要在意"。按照野村的说法，这种"彼此安慰"的现象不应出现在由"专业竞技者"所组成的职业球队中。

还是拿日本棒球强队巨人队的9连冠全盛期来说，当时其队员们为了球队而团结一心，但当自己的队友在场上表现糟糕时，自己人亦会报以毫不留情的嘘声和倒彩。

"团队合作"有时会被误解为嘻嘻哈哈的"友谊社团"，但真正的团队合作其实是队友们彼此切磋提升的严酷磨炼。

若"有形实力"不如人，则应锻炼"无形实力"

许多选手都没有意识到一点，

那就是"弱队如果向强队看齐，

则永远没有机会"。

野村首次执教的球队是南海队。该队算是"名门"，但当时其前一年的成绩极不理想，在一众职业球队中垫底。对此，野村苦苦思索"如何让队伍变强"。最后，他请来了东·布雷泽担任球队的总指导。布雷泽曾是美国职棒大联盟的球员，而且他和野村曾一起以队员的身份在南海队"服役"过。

　　布雷泽当时提出的理念是"头脑竞技"。于是，野村和他一起，在当时实力欠佳的南海队里推广"思考型棒球（Thinking Baseball）"模式。坚持到第4年，球队勇夺日本职棒联盟冠军。从那以后，野村树立了以下理念。

　　"只要球队能学会用脑，便能以弱胜强"。

　　反之，假如弱队向强队看齐，做着和强队一样的事，则绝对无法取得胜利。要想战胜强队，就必须收集和分析各种数据，努力研究对手。即锻炼"思考力"。如果说技术实力是"有形实力"，那么弱队唯有依靠锻炼这种"无形实力"，方能在比赛中取胜——这便是野村的思维方式。

　　弱者和天资不如人者要战胜强者和天资过人者，的确不是一件容易的事。若想以弱胜强，关键要在努力程度和创意钻研等"无形实力"方面超越强者，并在实战中有效发挥它们。

"换帅就能成"只是一种错觉而已

教练不是魔法师。若球队缺乏战斗力，

教练再怎么指挥部署都是徒劳。

在野村 24 年的教练生涯中，他带领自己所执教的球队 5 次夺得联盟冠军，3 次获得日本第一，12 次把自己所执教的球队带入 A 组级别（包括夺冠次数），自己所执教的球队的总计取胜场数为 1565 场（史上排名第 5），可谓成绩斐然。

那么问题来了，请来一位知名教练，是不是就意味着球队能变强呢？野村对此持否定意见。他的理由是"教练不是魔法师"。按照野村的说法，即便是他这个人称"野村再造工坊"的教练，也无法让一支只有"四流击球手和主力"的队伍实现"再造重生"。在他看来，没有核心的球队无法出头。而能否发掘和获得具备核心才能的选手，靠的是球队编组部门的能力，毕竟"球队主心骨不强，则球队也不会强"。

换言之，强队不是光靠一个教练能实现的，必须靠整支球队团结一心的奋斗和提升。可纵观现实，越是缺乏这种意识的球队，越是抱有"换帅就能成"的错觉。而一旦换帅后没出成果，就又想着换帅，如此陷入恶性循环。所以说，打造强大的组织需要一定的时间，以及"全员求变"的真正觉悟。

第四章——出成果的技巧

WORDS OF KATSUYA NOMURA

28

坚持努力"跑在对手前面"

打人者健忘，被打者记仇。

坚持努力"跑在对手前面"

打人者健忘，被打者记仇。

有句话叫"维持现状即退步"。而在竞争激烈的棒球界，一旦满足现状，其结果不仅仅是退步，还会在眨眼间被对手甩开一大截。

野村当年迎来职业棒球选手生涯的第4个年头时，他完成了30支本垒打，一度成为太平洋职棒联盟的"本垒打之王"。他对此心生喜悦，觉得"自己能在职业选手的路上走得更远"，于是信心满满。

可在接下来的第五六年，野村的成绩下降，在第4个年头创造的超过3成的击球成功率，也随之跌至2.5成。他由此有了紧迫感，于是每晚拼命练习挥棒。当时球队的一位前辈见状说道："野村啊，打人者健忘，被打者记仇哦。"

这里的"打人者"指的是野村，而"被打者"则是指被野村"收拾"的对手。对手吃了瘪，自然会彻底研究野村的打法，并思考对策。于是，野村的招数自然没以前有效了。

所以说，要想提升战绩，必须"跑在对手前面"。基于这样的经历和教训，野村认识到了"预判对手球路"的重要性，而该意识和理念在后来发展成了名为"ID棒球"〔ID棒球中的"ID"是"Important Data"（重要数据）的缩写。〕的战术理论体系。

正确的努力必有回报

人们常说:"努力必有回报",

但其绝对的前提条件是"正确的努力"。

人们常说"努力必有回报"。的确，只要努力，必有成果。但我们有时也会看到，一些人苦恼于"无论怎么努力都不见理想成果"。

在野村看来，努力也有"正确"和"错误"之分。若是后者，即便坚持不懈，也不会获得提升和成果。

在野村还只是替补选手时，他苦于自己的远距离投球迟迟没有起色。当时，他听说一个人的脚力和肩力很难通过后天锻炼来大幅提升，但远距离投球用的是全身的协调力，因此能靠努力来增加投球距离。鉴于此，他整日勤奋练习，但结果并不尽如人意。

有一天，队里的一位前辈和野村对练接球和投球。其间，那位前辈指正了野村在握球姿势方面的不良习惯。先前，野村投出的球总是会有微妙的轨迹不稳现象，而在纠正了握球姿势后，他的远投距离大幅增加。

换言之，野村之前的努力属于"错误的努力"。而在开始"正确的努力"后，其结果立竿见影。所以说，要出成果，不可能轻松地一蹴而就，努力势必需要，但关键要持续付出"正确的努力"，方能逐渐接近目标。

应时常自问:"自己的努力是否正确"

人的成果可以用"才能 × 努力"的方程式来表现。

用方程式来说明"成功条件"的伟人并不罕见，比如京瓷创始人稻盛和夫便提出了"人生·工作的结果 = 思维方式 × 热情 × 能力"的方程式，其强调了"积极思维方式"的关键性。

而野村提出的方程式是"才能 × 努力 = 结果"。顾名思义，比如才能数值为 10 的人付出的努力值为 2，便能取得数值为 20 的成果。而才能数值为 5 的人如果付出的努力值为 4，其亦能取得数值为 20 的成果。假如其付出的努力值为 10，便能取得数值为 50 的成果。可见，即便才能只有别人的一半，若能付出 5 倍的努力，也能取得 2.5 倍于别人的成果。

但其中有一点是关键，那就是在前面小节也讲到的"努力是否正确"。若努力正确，则结果自然是正值；可若努力错误，则结果便为负。人有时会搞错努力的方向，因此在野村看来，人在努力的同时，还需要时常自问"自己的努力究竟是否正确"。所以说，当"努力却不见成果"时，除了审视"自己的努力是否充分"之外，还应思考"自己的努力是否正确"。

31

不断持续努力，方能迎来腾飞

努力不会立马见效。

但若懈于努力，则无法打下基础，

亦无从长进。

日本相扑界有句话叫"练习得看3年后"。其意思是，练习的结果并不会立马显现，一个相扑手是否勤于练习，要看他3年后的成绩。

当年刚加入南海队时，野村还只是个球队练习生。练习生的实际击球练习机会很少，加上当时还没有"棒球发球机"这样的练习辅助设备，因此野村只能在球员宿舍里不断练习挥棒。毫不夸张地说，当年像野村那样彻底练习挥棒的练习生实属少有。

而队里的前辈对野村说："如果靠挥棒能成为首发队员，那人人都是首发了。"换言之，前辈们觉得野村的做法无意义，还不如和他们出去找点乐子。但野村并不动摇，依然故我地苦练挥棒。

的确，即便苦练挥棒，也不会立刻出成果。正所谓"努力不会立马见效"。但野村依然坚持不懈，后来队里的替补教练看到野村满手的老茧时，赞扬道："这才是职业棒球选手该有的手。"之后，野村果然大放异彩，成长为实力选手。

可见，努力不会立马见效，但只要坚持努力，终有一天能迎来腾飞。无论是体育界还是商界，这个道理都是共通的。

要相信自己能走得更远

但凡遭遇成长瓶颈的选手，

几乎清一色是"框死自己"的人。

人有个不好的思维倾向，那就是"自我框定极限"。具体来说，即缺乏根据地擅自认定"自己只有这种程度的能力"，于是放弃朝着更高的目标迈进。

在野村看来，但凡遭遇成长瓶颈的选手，几乎清一色是"框死自己"的人。他们盲目地认为"自己已经吃不消了"、"自己的能力也就这样了"。若这样的想法基于客观依据也就罢了，但实际上大多只是因为暂时碰到了困难而已。可他们却由此心生放弃，明明还没尝试过自己是否真的达到了极限，就匆匆下结论，以"自己已经很努力了"之类的自我安慰而趋于妥协和自我满足。对此，野村称之为"框死自己"。

对于这样的选手，野村的教育方式是"让他们重拾信心"以及"进一步激发他们的既有能力"。比如，有的投手因为肘部伤病而无法投出像之前那么快的球，但当其认为"自己的实力就止步于此了"的时候，野村会引导其认识到"控球技巧的重要性"，从而助其克服劣势、超越自我。

可见，人一旦擅自框死自己，就等于断了自己的发展之路。反之，如果相信自己"能走得更远"，就能激发努力的劲头，从而真正实现成长。

满足现状的心态会阻碍
成长发展

一流的人绝对不会满足现状。

这便是一流和二流的关键差异。

在体育界，不管获得多高的"一流赞誉"，都不可躺在成绩上睡大觉。就拿知名棒球选手松井秀喜来说，他先是效力于巨人队，之后转会至美国的纽约洋基队，并在加入洋基队后连续 3 年保持击球得分超 100 分的成绩。在为洋基队效力的第 4 个年头，有记者在采访他时问道："你的战绩已足以证明你是一名能够抓住机会的优秀选手了吧？"对此，松井答道："一旦自我满足，就是失败的开始。"

野村克也把职业棒球选手分为 4 类："超一流"、"一流"、"超二流"、"二流"。其中最末的"二流"是指那些天资不错却心态有问题的选手，他们或框死自己，或满足现状，觉得"自己的实力水平也就这样"、"这样的练习强度就够了"，于是懒于努力。如此一来，别说一流，就连超二流都成不了，只能沦为二流。换言之，"一流"和"二流"的分水岭，就在于选手是否框死自己或满足现状。

在野村看来，"一流"选手绝不会满足现状，而是不断追求进步，所以才会坚持努力，实现成长。而如果一名选手能说出"一旦自我满足，就是失败的开始"这样的话，便可谓"超一流之才"。总之，无论是商界还是体育界，"生于忧患死于安乐"都是共通之理。

先从"习得一技"开始

通过"习得一技"而拥有的自信，

能成为习得其他技能的底气。

日本有句谚语叫"得一技，道皆通"。意思是，通晓一技之奥妙者，其悟到的道理也适用于其他领域。

在棒球界，对选手的技巧能力要求包括触球技巧、远打技巧、速跑能力、防守能力、传球技巧等。而以上技巧能力全部优秀的全才选手实属凤毛麟角。

在执教生涯中，野村见证了许多选手的成长。其中有不少是起初只有"一技精"的人，但通过不懈努力，他们逐渐掌握了其他技能，最终成为一流的职业棒球选手。比如野村在执教养乐多队时，加入球队的宫本慎也便是典型。一开始，宫本作为游击手的防守能力的确出众，但在击球方面不尽如人意。当时球队编组部门对宫本的评价是"如果在击球成功率方面睁一只眼闭一只眼的话，那还算优秀"。鉴于此，野村把他作为球队防守的中流砥柱。但后来宫本的击球能力也逐渐提升，最终创造了2000支安打的纪录。

可见，"一技精"的人拥有努力习得其他技能的努力素养和才能底子。所以说，哀叹自己"无技傍身"的人，不妨先尝试习得一项技能，哪怕是很小的技能也可以。在成功"习得一技"后，必能获得有助于习得其他技能的自信。

克服短处，方能发挥长处

为了发挥长处，要先弥补短处。

商界有句话叫"彻底发挥优势"，但在野村看来，"为了发挥长处，要先弥补短处"。

纵观职业棒球界，他的话的确有道理。在体育竞技中，"彻底研究对手弱点并攻之"是常规战略。作为选手，倘若对自己的弱点不顾不改，便很难持续出成绩。

野村自己就是一个典型。当年以队员身份效力南海队时，通过努力晋升为主力选手的他，存在"无法招架曲线变化球"的弱点。而他的对手们因此故意多投曲线变化球，这使得野村压力巨大，连擅长的直线球都打不中了。之后他不断努力练习如何应对曲线变化球，最终克服该弱点，成长为获得多项殊荣的职业棒球选手。

曾执教日本棒球国家队的稻叶笃纪亦是"通过弥补短板实现飞跃"的典型。当年作为外场手的他，存在肩力较差的弱点。对此，他通过持续锻炼自己对打球和投球的快速反应和动作，弥补了上述缺陷，从而被提拔为队里的正式选手，并最终创造了 2000 多支安打的纪录。

可见，要想进一步发挥长处，关键要坚韧不拔地弥补自己的短处。

比起"知"，更要"行"

很多人都知道"努力必有回报"的道理。

但真正去努力的却不多。

人在阅读书籍或聆听演讲时，时而会发现"这个道理自己知道"。"知乎"的确重要，但唯有把"知"付诸"行"，才能真正让"知"发挥实际作用。

前面也介绍过，野村起初只是南海队的一个球队练习生。但他一直朝着"成为球队主力"的目标拼命努力，最终成为球队的正式选手。当时每晚练习完毕后，野村都会自己再加码练习挥棒。要知道，许多队员练习挥棒只有"三分钟热度"。比如球队组织外出合宿练习活动时，一开始许多队员会一起练习挥棒，但随着日子一天天过去，练习的人就会逐渐减少，到活动临近结束时，坚持下来的顶多两三人。

再说野村成为正式选手后的第 4 个年头，他完成了 30 支本垒打，且击球成功率超过 3 成。可到了第 5 个年头，他的击球成功率跌至 2.5 成左右，表现趋于低迷。原因很简单：对手们不断研究克他的计策，这使他发挥受阻。面对这样的困难，野村坚持努力"预判对手的投球套路"。3 年后，他的击球成功率恢复至 3 成，当年完成了近 30 支本垒打。由此可见，野村的"预判战术"的确相当奏效。但他对此曾坦言道：几乎所有的选手都会在比赛的第 3 局左右放弃预判。

所以说，人人都知道坚持努力很重要，但真正去付诸行动的却很少。

才能取决于活法

即便是有才之人，多数也会遭到淘汰。

因为比起刻苦努力，他们选择了轻松安逸。

被誉为足坛天才的德拉甘·斯托伊科维奇有句名言："人的才能会随着之后的活法而变化"。他的意思是，才能必须在严苛训练和规律作息的加成之下，方能开花结果。

再看棒球界，但凡能成为职业选手的，几乎都是小时候在当地出类拔萃的天才苗子，其才能自然不用怀疑。但在野村看来，虽然职业棒球界如此人才济济，但其中大多在最后会被淘汰。究其理由，是因为"比起刻苦努力，他们选择了轻松安逸，从而停止了成长进步"。

贪图轻松安逸是人的本能倾向之一。即便努力，按照野村自己的说法，其也不会立即见效，需长年累月的不断坚持，方能显现成效。也正因为如此，一些选手缺乏恒心，于是以"天生才能最关键"为借口，渐渐懈于努力。

可一旦选择了轻松安逸，便几乎不可能再回头吃苦奋进，结果糟蹋了天赐的宝贵才能——这便是野村的观点。

所以说，才能固然重要，但要认清另一个事实，那就是"才能取决于活法"。

唯经"守破离",方能成一派

要原创，先模仿。

无论是能工巧匠还是武林高手，其普遍拥有"守破离"的思想。该思想阐明了修行修业的三大阶段——"守"即忠实学习和掌握师父所教和流派所有；"破"即借鉴和引入其他大师和流派的优点长处；"离"即跳出习得的框框，从而自成一派。

　　而职业棒球亦同理。按照野村的说法，越是一流选手，越会关注其他优秀选手的长处，并拥有强烈的借鉴意识。

　　野村当年首次出场全明星赛时，作为太平洋职棒联盟代表击球手的山内一弘缠着野村不放，不断问他有关巨星级击球手川上哲治（川上后来曾执教巨人队）的情况。这体现了山内对于川上球技的超强求知欲。

　　在野村看来，无论哪种类型的击球手或投球手，起初都在模仿别人的优秀技巧，然后通过不断摸索和试错，逐渐形成了属于自己的风格套路。

　　总之，即便是完全自成一派的卓越选手，当初也是从"守"学起，然后通过"破"来借鉴他人并为自己所用，最后以"离"来实现原创。

拥有明确目标，方能切实努力

为了达成目标，思考"自己必须做什么"，并认真直面课题者，方能跻身一流。

在评价如今的年轻人时，有一句常常被提到的话是"年轻人缺乏饥饿精神"。的确，现在的日本年轻人不会为温饱而发愁。鉴于此，野村克也指出"必须让选手们自己思考自己的目标"。

野村早年丧父，他和亲哥哥由母亲含辛茹苦一手拉扯大，因此野村最初想当棒球选手的动机是"赚钱"，即"摆脱贫困生活，让母亲和哥哥过上好日子"。这正可谓饥饿精神之典型。也正因为如此，他才会付出数倍于他人的努力。

纵观如今的年轻选手，不会再像野村当年那样感知生活的困苦和不易，因此不可能有"想吃饱饭"这种字面含义上的饥饿精神。所以在野村当上教练后，他一直问选手"你们打棒球是为了什么?"，从而促使他们思考该问题。而选手一旦拥有了明确目标，便能发现自己的欠缺和不足，于是便能思考如何改善和补足。

换言之，在野村看来，独立思考目标，发现相关课题，并认真直面、努力奋进者，方能跻身一流。

第五章 —— 获得成长的活法

感知力是成长的原动力

人若缺乏"感知力"，则无法成长进步。

当面对问题时，人可分为三种。第一种是"察觉问题的人"，第二种是"未察觉问题的人"，而最要不得的第三种是"明明察觉却视而不见的人"。

野村当年担任教练时，会趁选手们起身离开板凳去练习击球的时机，故意不声不响地在板凳前丢一个球。当选手们练习完毕回来时，他就会观察选手们的反应。与上述同理，选手们的反应也可以分为三种。

①完全没察觉的选手；②察觉了却若无其事地从球上跨过去的选手；③捡起球放回原处的选手。在野村看来，第①和第②种选手不太有前途，而第③种选手则"具备相当的观察力以及体贴和顾及周围的意识，因此颇有前途"。

野村敢如此断言的理由是：对于各种现象和情况拥有感知力的选手，即便无人指出和督促，也能对周围保持关心和关注，并积极地自主思考，这会成为其成长的契机；与之相对，缺乏感知力的选手对各种事物压根不予关心和关注，自然也不会去思考。可见，洞察力和感知力正是促进人成长的原动力所在。

不要自我评价，因为会有水分

人在自我评价时，总会趋于自我感觉良好。

唯有他人对自己的评价，

才能真正体现自己的价值。

曾任伊藤忠商事社长的丹羽宇一郎当年刚进公司时，前辈员工严格地告诫他："不要自我评价。"

哪怕自己觉得自己已经100分了，别人给自己最多也就打70分左右。受到上述教育后，丹羽不再自我评价，并下定决心，要以"获得周围人肯定"为目标而拼命努力工作。

人在自我评价时，往往会对自己"温柔"，从而得出"自己干得还不错"之类的积极评价，并趋于自我满足。而当上司给自己较低评价时，就会心生不满，觉得"上司不懂自己"，甚至最终认为"不管自己做什么，上司都看不惯"，从而放弃努力、自暴自弃。

职业棒球界亦是如此。野村曾指出，选手对自己的评价总是会过高，而当周围的人对其的评价与之存在落差时，选手就容易萌生"教练和指导不懂我"、"这支球队在打压我"之类的不满心态，进而趋于懈怠乃至"躺平"。

与自我评价相比，他人的评价自然会趋于严格。但关键要对此摆正心态，即要虚心接受，认为"他人对自己的评价才是公正客观的"，从而理解"他人的评价才能真正体现自己的价值"。在野村看来，唯有认识到这一点，人才会开始进步。

对于失败，不可不在意

唯有打心底感到羞愧者，

方能寻思改进之策。

与野村一样曾获三冠王称号的知名棒球选手落合博满有句名言："对失败不在意的选手，只能沦为不被别人在意的选手。"落合当年每次击出不出色的球时，不会安慰自己"偶尔失败在所难免"，而是追根究底自省"原因何在?"，由此避免重蹈覆辙，并实现成长进步。

反之，在输掉比赛或打出"烂球"后，若不太在乎，只以"在所难免"或"无须在意"作结，则自己的成长空间也会到此为止。在野村看来，职业选手需要的是"知耻意识"。换言之，作为职业选手，表现出色是理所当然。如果做不到这一点，则等于"失职"，必须为之感到羞愧。此为职业选手应有的素质。

究其理由，是因为当在比赛中投球失误或被三振出局时，选手若能打心底感到羞愧，就会反复回顾失败经过，并从该反省中生出"如何不再重蹈覆辙"的对策。

总之，在失败后，唯有感到羞愧，方能予以反省并想出对策，从而取得进步。

不要错把起点当终点

有的人一旦成为职业选手，就突然停止了成长进步。

因为他们错把"成为职业选手"当成了自己的最终目标。

人错把"起点"当"终点"的情况较为多见。比如通过高考考入大学的学生便是典型——其中有不少在收到录取通知书后如释重负，觉得"自己不用再辛苦学习了"。

按照野村的说法，职业棒球界亦是如此——有的人"能成为职业选手就已经很满足了"，而这样的人就不会再进步了。但凡能成为职业棒球选手的人，势必拥有某一方面的天赋或优势，且大多从小开始接触棒球，并以成为职业选手为目标而努力。

而当真正成为职业选手后，自然可谓"儿时梦圆"。但野村指出，此时切不可自傲和自满，而应认识到"这才是自己的起点"，从而拥有面对严酷竞争的觉悟。

阻碍人成长的大敌有二，一是"妥协将就"；二是"骄傲自满"。若自认为"自己已经很了不得了"，则等于停止了成长。唯有保持对自我的客观认识，并毫不妥协将就，持续谦虚努力，方能不断成长。正所谓"人生如旷野，目标在远方"。

积累"小习惯",终得大成果

是输给自己,还是战胜自我。

每日的积累,决定了最终的成败。

人要获得成功，"好习惯"必不可少。但最为重要的是坚持，即"好习惯"的日积月累。

野村曾指出："能出一流成绩者，皆有坚持努力的习惯。"比如日本职业棒球界的最多安打纪录保持者张本勋，他曾说："晚间的挥棒练习是我睡前的助眠灵药。"可见他每天有多努力练习挥棒。

挥棒练习单纯枯燥，绝非什么乐事。因此有的人会找各种理由偷懒——比如"今天太累了"、"太烦，昨天已经练过了，今天就算了吧"等。但张本勋也好，野村也好，不管多累多烦的日子，他们依然坚持。

人性很奇妙，即便起初感到疲惫和不情愿，觉得"今天稍微练习一下就作罢"，可一旦咬牙开始练习，就会不知不觉给自己加到平时的练习量。而这种"小小的毅力"在日积月累之下，便能结出巨大成果。

可见，要想成功，"养成良好习惯"是关键。为此，就要从小事做起，对小事也不妥协和将就。长此以往，便能积小成大，收获成功。

45

自己平时的努力，
会催人相助

一个人是否能感染周围人"为其出力"，
决定了其自身的前途。

要想成事，当事者本人的努力当然最为重要。而另一方面，人一旦付出不亚于任何人的努力，且具备火一般的热情，则其自然会获得周围人的协助。

曾是洋基队投手的田中将大被队员们爱称为"将大君"。早在为乐天队效力时期，他便创造了赛季内 24 胜 0 败的惊人战绩。而自他加入乐天队起，时任教练的野村就对他十分关注。野村惊讶于田中的"常胜不败"，并感到他身上有一股"敢为争胜"的劲头。用野村的话说，田中当然具备优秀投手的素质，但除此以外，他平日对于棒球运动本身的态度端正严谨，由此获得了队员们的信赖和协助，队员一致觉得"将大君站在投球位置的话，我们一定要争取胜利才行"。

与之相反，有的投手虽实力出众，但缺乏上述亲和力，让其他队员觉得"这家伙投球的话，好像就没我们什么事了"。这样的投手在队内总有一种"不太融入队友"的疏离感，这让队友难以心生"为其赴汤蹈火"的感情。这既非霸凌刁难，也非故意边缘化。可见，选手须在平日拼命努力，并具备为球队、为集体打拼的态度，才能自然获得周围人的支持。

总之，平日的不懈努力和端正态度，能在关键时刻增加自己的"援军"和"帮手"。

如何花钱，比存钱更难

散财之道，关乎自身将来。

日本的法餐名厨三国清三当年在欧洲修行时，对于赚来的钱，他都一心用于学习。因此当学成回国时，他并无钱财，但学到的烹饪手艺让人愿意为他投资开店。

野村亦类似。当他成长为能够赚钱的棒球选手后，在两件事上，他散财毫不吝啬。一是"自我投资"，二是"款待他人"。

先说"自我投资"，当时在日本国内看不到美国棒球比赛的电视转播，为了观赛，他自费飞到美国去看现场。其间，他见识到了当时日本棒球界不曾有的奇特战术，这对他日后的职业生涯大有裨益。

再说"款待他人"。当时野村所效力的南海队有个不成文的"潜规则"——收入最多的球员在聚餐时要请客买单。而野村当时总是抢着买单。这样的举动，被周围的队友看在眼里。野村认为，作为球队的"核心人物"或者说"领头人"，小里小气是不行的。

有句话叫"如何花钱，比存钱更难"，野村为了棒球如此不惜本钱，最终成就了他后来作为教练的辉煌战绩——所执教的球队总计取胜场数达1565场。

要有"好榜样"

年轻选手追随怎样的前辈，

将决定其之后的棒球职业前途。

常言道，榜样对一个人的人生至关重要。因为其对年轻人的成长影响甚大。

　　野村执教球队时，虽然一直秉持"不与队员私交"的原则，但他十分关注每名队员和谁关系好。究其理由，是因为他明白，队员（尤其是缺乏人生经验、尚未成熟的年轻队员）尊敬队里的哪个前辈，与哪些队友交好，将会决定其之后的棒球职业前途。

　　如果年轻球员和优秀的前辈和队友打成一片（这里的"优秀"除了指球技，还包括竞技态度等人格层面），就会受到良性影响。反之，如果与不顾球队、只顾"自己发挥出色就好"的自私之人走得很近，或者与安于现状、不求上进的队友混在一起，其自身也会在不知不觉中陷入同样的思维模式。

　　总之，人如果与值得尊敬的前辈或同伴共事，即便进步不快，也能逐渐成长；可如果与品行不良的人整日成群结队，人生就会即刻走下坡路。可见，是否拥有"好榜样"十分关键，它将会左右其今后的人生轨迹。

比起"为了自己",更要有"为了大家"的意识

常常心系"支持自己的人",

才能努力到底。

乒乓球选手福原爱有句名言："比起为了自己而努力，我觉得为了大家而努力更能让自己变强。"而这种彼此信任和支持的精神，让她当时所在的日本国家乒乓队在连续两届奥运会上获得了团体奖牌。

再看野村，他父亲在他小时候因战争而死去，是他母亲把他和他哥哥一手拉扯大。自己的母亲和哥哥自不必说，包括高中时的恩师等，对于这些支持和帮助他的人，野村一直心怀感激。

人字的结构是相互支撑，没有人能完全独自存活，这个道理在棒球运动中亦适用。

在为乐天队效力的时代，每当守场员表现出色，投手田中将大都会报以掌声，以表感谢。据说他还会一直待在休息区的板凳前，为的是迎接该选手回来。

这体现了田中对支持自己的伙伴的感谢之情。在野村看来，选手若只为自己而努力，则其努力程度总欠火候；而选手若对队友和球队心怀感激，则其"报恩"之心就会成为强大的原动力，使其能够努力到底。可见，利己的努力程度有限，而利他的努力则能量无限。

别只提成功，应着眼失败

人会下意识地沉醉于过去的成功。

商界有条法则叫"先讲坏消息（Bad News First）"，但人的本性往往不乐意提坏消息。换言之，比起谈自己的失误和失败，人更喜欢讲自己的成功经历。

该法则在体育竞技界亦适用。野村便认为"必须直视自己的失败"。他有句名言："有出乎意料的胜利，却没有出乎意料的失败。"换言之，胜利有时可能单凭运气，但失败必有自身原因。

在野村看来，对于胜利的比赛，再怎么去回味"当时这个环节出彩，那个细节漂亮"亦无甚意义；而对于失败的比赛，或许人们往往不太愿意去回顾，但若能认真分析"当时哪里出了问题"，便能获得启示，从而明白"值得改进之处"。

总之，人会下意识地沉醉于过去的成功，但唯有敢于正视痛苦失败的人，才能获得成长，也唯有敢于正视痛苦失败的组织，才能不断变强。

好对手才能促人成长

相互研究、相互竞争。

这样你追我赶的切磋比试，可谓无可替代的

宝贵财富。

人在成长过程中，好对手不可或缺。对野村而言，其好对手之一是西铁队的稻尾和久。稻尾曾创造单赛季42场胜利以及球员职业生涯总计276场胜利的纪录。尤其是前者，它是日本职棒史上的最高单赛季胜利纪录。他不仅作为投手的技术一流，而且每次与下一名投手交接时，他都会把投手土墩整得干干净净。换言之，他的职业作风和素质亦属一流。

　　当时的野村也晋升为了正式选手，并获得了"本垒打之王"的称号。可有一天，他所在球队的教练鹤冈一人对他说道："你能对付二流投手，却招架不住一流投手。"这里的"一流"，指的便是稻尾。

　　经过研究分析，野村发现，能通过投手拿球的方式，预判对方会投出曲线球还是水平外曲球，这让他回击稻尾投球的成功率几乎增至3成。但稻尾也开始采取相应对策。这以后，两人一直在不断过招，时而野村占上风，时而稻尾占优势。

　　在这片刻不得息的高手对决中，对野村而言，与稻尾你追我赶的切磋比试，可谓他无可替代的宝贵财富。好对手不仅值得尊敬，还是能够提升自己的贵人。

责任不应向"外"，
而应向"内"追究

一流的人不加辩解，因为不言自明；

二流的人却总是强调理由、推诿责任。

当事与愿违时，对其原因，是向内求，还是向外求，其结果大相径庭。

比如，业务员一旦生意失败，其中不少往往会将原因归咎于"经济不景气"等外部因素，可这般借口并不能改善现状。唯有认为"责任在自身"，方能想出适当对策。

按照野村的说法，选手在失误或失败时，如果强调理由，辩解自己"状态不佳"或主张"错不在自己"，则等于是在转嫁责任。若如此无视自身责任，自然也就不会反省，亦不会进行"自我改革"。

的确，体育竞技变数极多。有时对手状态超好，有时队友会出差错，但若一味把失误或失败的责任向外推诿，则自身便无法成长进步。而这正是"一流"和"二流"的决定性差异所在——二流的人总是喜欢"甩锅"，把责任推给别人；一流的人却从不强调理由或辩解，而是把失败和失误作为"反省素材"，以督促自己取得更大进步。

可见，要想成长，就要拥有直面和认识自身弱点和不足的强大心态。

自己拼命努力的样子，必有人看在眼里

自己拼命努力的样子，必有人看在眼里。

野村有若干"人生导师"，而知名评论家草柳大藏是其中之一。当年，野村引退，结束了自己作为棒球选手的生涯。当时有许多个人和组织邀请他做演讲，但之前一直埋头于棒球的野村，不知道自己该在大企业经营者等听众面前讲什么，这让他感到忐忑。

　　对此，草柳点拨道"言语是关键"，并劝野村多读书。至于讲什么，他建议野村"讲棒球即可"。不仅如此，他还告诉野村："自己拼命努力的样子，必有人看在眼里。不管做什么，切不可偷懒，要动员所有智慧和才能，竭尽全力。这番努力，必有人看在眼里。"

　　从那以后，野村开始博览群书，还当起了棒球解说员，可谓开辟了事业的新天地。看到这样的野村，时任养乐多队球团老总的相马和夫请他担任球队教练。但按照当时的惯例，让曾效力于本球队的退役球员当教练，实属破天荒之举。而当野村得知相马邀请他的理由缘于他在退役后从事新工作的态度，他再次体会到了草柳箴言的真知灼见。

　　所以说，若能脚踏实地、拼命努力，必有人看在眼里，且总有一日会受到肯定和认同。这便是野村的上述经验所得。

莫踌躇，变化即进步

"求变"没有年龄限制。

人无论到了多少岁，都能改变自我。

常言道，"人一老，就顽固"。尤其是在某种程度上获得成功之人，一旦上了年纪，就愈难改变自己。对此，曾作为教练帮助过许多队员"改变自我"的野村明确指出："'求变'没有年龄限制。只要愿意，人无论到了多少岁，都能改变自我。"

比如曾效力于广岛鲤鱼队的小早川毅彦，他一度是队里的"清理击球手"（在击球顺序上，清理击球手是第 4 个击球手，由于其担负着清垒的重要任务，因此往往是队里的超强击球手。），离开广岛鲤鱼队后，为了能继续自己的职业棒球生涯，他加入了野村执教的养乐多队，当时他已经迎来了自己作为职业球手的第 14 个年头，年龄已达 36 岁。再比如曾获"本垒打之王"称号的山崎武司，当年与野村在乐天队邂逅时，他已经步入自己职业生涯的第 18 个年头，年龄已达 38 岁。在职业棒球界，这两位在当时可谓"晚年队员"。但在野村的指导之下，他俩都浴火重生，迎来了职业生涯的第二春。

不难想象，由于小早川和山崎都曾创下辉煌战绩，因此起初对于"改变自我"应该都有所抗拒。对此，野村激励他们道"变化即进步、即成熟"、"求变不会有失去，只会有收获"，这让他们成功改变自我。

人无论到了多少岁，都能改变自我——光是这样的思维和心态，就能给自己的人生带来裨益。

人生在世，"三友"足矣

会安慰自己的亲密挚友，

有一个或许便足够。

如今，得益于社交网络的发达，许多人的朋友圈人数显著增加，越来越多的人开始炫耀自己的好友录人数。但在野村看来，比起人数，拥有"真朋友"更为重要。

野村曾说："人生在世，有这样三个朋友就很幸福。"第一个是"人生的良师之友"，第二个是"教授原理原则的益友"，第三个是"直言不讳的亲友"。对他本人而言，其妻野村沙知代便属于第三个朋友——她的忠言逆耳，对野村帮助很大。

照理说，像野村这般职业棒球界的老资格名人，圈子里的朋友应该多得数不过来，可他唯一视为"挚友"的是当年和他在南海队搭档的投手杉浦忠。至于稻尾和久和长岛茂雄，与其说是野村的挚友，不如说是他的"好对手"。野村还曾坦言道："会安慰自己的亲密挚友，有一个或许便足够。此外需要的是能相互切磋、彼此过招的好对手，以此提升自我。"

不仅如此，在球员的构成关系方面，野村也有自己的见解。他认为，如果教练任人唯亲，把一支球队搞成自己的"亲友团"，那队伍就不会变强。

首先要相信自己

若相信自己、坚持信念，
则必有人出手相助。

从很早开始，"职棒选手梦"便在野村的心中萌芽。但他家境贫寒，母亲曾劝他打消升入高中的念头，多亏了他哥当时说服母亲道："我不读大学，高中毕业后就去工作，所以您让克也读高中吧！"他才得以在高中继续追逐他的棒球梦。

而在高中时，兼任校内棒球部部长的清水义一老师也一直给予野村莫大的支持。

后来，当野村执教养乐多队后，其前两年的战绩不尽如人意，这招来了球队董事会的非议。但当初聘请他的球团老总相马和夫却站在野村这边，并在董事会上对其他干部说道："希望各位看野村第3年的执教表现。"有了相马的这般"力保"，到了第3年，养乐多队取得了联赛优胜。

野村真心觉得，自己之所以能在职业棒球界有所成就和造诣，得益于每个阶段的"贵人"相助。人作为个体的能力和力量有限，但只要永不放弃、相信自己、坚持信念、不断前行，总有人会认同自己的这份努力，从而愿意出手相助。

换言之，在人生之路上，"相信自己"和"不懈努力"至关重要。这样的态度和精神，能够引来自己的"贵人"。

第六章 —— 超越天才的战略

应独立思考，固有观念会害人

"都说这样就不会错"、"大家皆如此"……

要杜绝这种人云亦云的轻率判断。

应该自己去观察、去尝试，然后用自己的头

脑去判断。

这世上有各种各样的所谓"定论"，但并非所有定论都是正确无误的。

就拿野村来说，当年他加入南海队时，还只是个球队练习生，对于"一支球棒的好坏"全然不懂。而在整日给队里的前辈们当"练习用接球手"的过程中，他们告诉野村"长距离击球手应该用握柄细的球棒，中短距离击球手适合用握柄粗的球棒"。

野村属于长距离击球手，于是他开始用细柄球棒。可细柄球棒的芯子一松，很快就会弯折形变。当时的野村经济还不宽裕，因此十分苦恼。有一天，出于无奈，他借用了别人放在储物柜里的粗柄球棒，结果他觉得挥起来很轻松，而且容易击出好球。打那以后，野村就一直使用"按理不适合他"的粗柄球棒，最终成长为创造了职业生涯本垒打总数 657 支的王牌击球手。

可见，关键在于杜绝诸如"都说这样就不会错"、"大家皆如此"等人云亦云的轻率判断，而应该自己去观察、去尝试，然后用自己的头脑去判断。

如果固有观念太强，就会在看待事物时缺乏灵活性。所以说，对于所谓"定论"不可盲信，有时也要抱着怀疑的态度。

预备知识越丰富，越有说服力

预备知识需"厚重"，先入之见应"轻薄"。

口才技巧和自我启发的先驱者戴尔·卡耐基曾指出，在准备演讲时，要有"收集10成资料，实际只用1成"的精神。换言之，对于既定的演讲主题，若演讲者拥有的相关信息和知识量是实际演讲所用到的10倍以上，那这份"绰绰有余"便会转化为演讲者的感染力、热情和说服力。

再说野村，他45岁退役后，立刻收到了多方的演讲邀请，可起初他并不知道该讲什么内容好。此时，他的人生导师草柳大藏给了他几本书，并点拨道："你先要潜心阅读，然后在演讲时只涉及自己有实际经验的棒球领域。"

哪怕讲同样的棒球内容，如果能以"优秀书籍里的原理原则"为基础，那么相关内容就能打动作为企业家等的听众，并给予他们启示及帮助。从那以后，野村养成了勤于阅读的习惯，而这份努力不仅在他当棒球解说员时开花结果，在他后来担任教练时，也培养了他"说话感染众人"的能力。

可见，获取和吸收的大量信息并非全部都能立即投入使用，但是否具有如此厚重和丰富的知识储备，将会在很大程度上决定一个人的判断精度和说服力。

唯有着手真正原因，方能解决问题

一旦状态不佳，不少选手往往会犯"一味关注技术层面"的错误。

其实应该从三方面探明原因。

在商业领域，一旦企业现场出现状况和问题，最关键的是要查明其真正原因（即"真因"），并着手处理。反之，倘若着眼的原因有误，即便采取对策，也是无济于事。

在野村看来，选手一旦状态不佳，其往往会错误地认定是自己的"技术问题"。打个比方，一名击球手由于击球成功率下降，就觉得自己的击球姿势不对，因而烦恼不已，去向教练求教也就算了，最后甚至还去找体育记者"取经"。在如此迷惘之下，其自己原有的击球姿势和风格分崩离析，并陷入自信丧失的恶性循环。

对此，野村指出，当选手发现自身的上述问题时，需要从三个方面进行思考和研究。其一是上面提到的"技术的问题"；其二是"对手的变化"——比如对手的队伍在战术研究方面有了新成果，从而改变了打法等；其三是"肉体的疲劳"。可见，状态不佳的原因不止一种，可如果选手一叶障目，一味认为"是自己的技术不行"，就会采取错误的解决对策，结果反而会延长自己状态不佳的时间。

可见，选手一旦遭遇问题或状态不佳，"探明真因"是关键。唯有着手"真因"，方能解决问题、找回状态。

59

灵感源于平日的坚持思考

所谓"灵光闪现"，是平日积累的智慧在必要时机的"溢出现象"。

有句话叫"文章来自'三上'"。这里的"三上"是指马上、枕上和厕上。也就是骑马时、入寝时和如厕时。

的确，在上厕所时突发灵感的名人故事有很多，但是不是说"只要如厕，人人都能有灵感"呢？答案自然是否定的。只有平日在拼命思考某件事的人，偶尔走出房间，去到与工作或业务不相干的环境（比如厕所等），才可能偶发地灵光闪现。

野村的想法亦类似。他认为"灵感并非天上掉馅饼"，唯有平日的钻研积累和知识储备，方能激发"在必要时适时闪现的灵感"。他自己便是典型，当年作为球员，他脑子里整天想的都是敌方投手的投球套路和敌方教练的防守战术等。这样的"思考、观察、确认"是他当年的日常作业。

可见，灵感不会凭空降临。唯有在每日滴水石穿的不懈努力和积累之下，它才会如意外惊喜般突然到访。

依靠观察力和思考力，
发掘"实地实物"的价值

知识和教养可以光靠阅读获得，但还是无法
与通过实际所见所触而得的经验相比。

在制造业领域，人们常常强调"实地实物"和"现场现物现实"。其中心思想是"不要伏案空论，要深入基层、着眼实际、务实调研"。

野村当年辞去教练职务后，再次干起了棒球解说员的行当。当时，每逢各球队的集训季，他依然会前往训练地"侦察"，为此行遍日本各地，南至冲绳。哪怕步入高龄，他仍如此坚持。他的理由很简单，通过实地观察所得的信息和感悟，其拥有无可代替的价值。

正因如此，不管年纪多大，野村都会主动要求"跟进"各球队的集训现场。但另一方面，他又反对单纯认为"只要去实地就行"的"现场至上主义"。道理很明显，如果去了实地后只是不加思考地茫然观察，就不会有心得和收获。

即便观察同一件事物或同一种现象，不同的人也会有不同的视角和看法。而野村基于"观察—领会—思考"的方法论，从实地现场学到了许多东西。

总之，"亲临实地"的确很重要，但究竟是让这份劳力发挥作用还是白白浪费，则取决于当事人的观察力和感受力。

WORDS
OF
KATSUYA
NOMURA

61

时间人人平等，用法决定未来

唯有思考"如何把1天24小时好好利用"并付诸行动，才能在竞争中胜出。

曾多次作为日本国足选手出征的中泽佑二有句名言："不及人之处，唯有在闲暇时间中恶补。"

当年以球队练习生身份加入南海队的野村亦抱有类似想法。当时队里的主力选手自不必说，就连与他同时入队的新人，其中也有不少曾活跃在甲子园或大学及成人棒球圈子的高手。对于已经输在起跑线的自己，野村苦苦思索如何才能迎头赶上。对此，他最终得出的结论是"球场之外定成败"。

换言之，野村也好，其他选手也好，他们在球场上的训练内容都一样。既然差距已经存在，"有样学样"当然只会永远落后。要想追赶，就必须有效利用自己的闲暇时间，从而增强自身实力。

比如，野村当时坚持刻苦研究对手的投球套路，而对于这种枯燥且需要毅力的研究，几乎所有选手都会在浅尝后很快放弃。

总之，对于自己的闲暇时间，有人用来喝酒作乐，也有人用来努力上进。而这种对于时间的不同用法，决定了个体未来的差距。

62

改善要趁景气时

肉体的衰弱无可避免，但投球战术变化无限。可大部分投手在年轻力壮时往往对战术不屑一顾。

"改善要趁景气时"是商界的不二法则。它的意思是：经济一旦陷入萧条，企业能做的就会变得很有限；而在经济景气时，企业就比较绰绰有余，还可以在各方面试错。

按照野村的说法，年纪轻、球速快的投手往往对"控球"不太在意。因为他们单纯依靠惊人的力量和球速就能制服对手，所以对于投手所需的控球技术（即"指哪儿打哪儿"的瞄准率）以及揣摩击球手心理的投球战术趋于轻视和不屑。

可无论多么出色的投手，总有"再也投不出之前那种高速球"的一天。等到那时，当事人便会慌忙地开始学习并试图掌握上面讲到的控球技术和投球战术，但在野村看来，这好比"走到下坡路才想辙"，其实为时已晚。

再看年轻时球速傲人的名投手江夏丰和稻尾和久，他俩当年虽是"高球速型选手"，但同时也乐于揣测击球手的心理并采用出其不意的投球战术。也正因为如此，他俩保持了较长的职业生涯黄金期。

可见，等到年长力衰才想到求助于技术和战术，其实成长空间已很有限。唯有在年富力强之时努力磨砺技术和战术，方能长期保持较好的状态和战绩。

"见"非"观","观"非"见"

对于对手，既要"见"其动作，
更要"观"其心理。

野村指出，但凡接球手，必须学会"观人"。在棒球比赛中，当一方队伍进入防守状态时，其场上人数为9人。此时，不同于剩下的8人，其中1人必须注视中外场后方，为的是清楚"看见"眼前的击球手、跑垒员以及我方的防守位置。

而且这"看见"不是漠然的"见"，而是"观"，即"观察、洞察和分析"，属于需精神极度集中的作业。

对于接球手的上述要求，野村曾引用宫本武藏的"观见二眼"理论（观见二眼出自宫本武藏所著《五轮书》。该理论强调"眼见"与"眼观"的区别，前者关注个体对象，后者把握整体情况）予以说明。

野村认为，对于对手，既要"见"其动作，更要"观"其心理。唯有如此，接球手才能向投手下达正确到位的战术指示。

而本田汽车的创始人本田宗一郎也曾强调要"观物"而非"见物"。对于相同事物，不同的视角和感受力，将会得出大相径庭的结果。换言之，究竟是浮于表面的"看见"，还是抱着问题、思考和深刻洞察力地"观察"，其收获和心得自然不同。

应自问"是否尽人事"

依靠直觉时，要自问"自己是否已经绞尽脑汁并尽人事"，抑或只是"懒于思考而已"。

有句古话叫"自言'万策尽'，实为'三策尽'"。它的意思是，人在面对困难时，会想各种办法应对解决，一旦失败，便会嗟叹"万种计策皆无效"，可事实上当事人往往只尝试了三四种对策，就匆匆放弃了。

还有句话叫"尽人事，待天命"。即"若事情的成败已超出人力所能及的范围，则人在尝试过各方面的努力后，就只能托付天命了"。此处的关键在于"尽人事"，即"尝试过所有努力和可能"。若这一步不到位，待天命亦是徒劳，很难获得成功。

再说野村克也，对于"直觉"和"天启"，他并不彻底否定，但他认为"只靠缺乏根据的直觉和天启，并无法撑过漫长的赛季"。他自己的确也体验过"直觉精准"和"事事顺利"的状态极佳期。可即便在那般如有神助之时，他依然不忘自问自省"是否在尽人事的基础上依靠直觉"、"抑或只是因为懒于思考才依赖直觉"。总之，待天命也好，靠直觉也罢，都必须以"尽人事"为前提。

要用好数据

在不同人眼中，同样的数据可以是"宝"，也可以是"草"。

如今，对于大数据的运用可谓盛行，但不管是收集还是使用信息，都属于难度极高的作业。

数据的一大可怕之处在于，其无视个体差异并趋于"眉毛胡子一把抓"的倾向。比如在广岛队黄金时期作为队里中流砥柱的击球手山本浩二和衣笠祥雄，此二人都随着经验的增长而渐渐回避内角球。但按照野村当时的分析，山本原本擅长打内角球，在"上年纪"的情况下，内角高球姑且不论，但他回击内角低球的成功率仍然不错；而衣笠则不同——他打年轻时起便不擅长内角球。倘若不经过这样的研究分析，而只是草率认定"越是老牌选手，越怕内角球"，就会导致战术性失误。

在担任教练的那段时期，野村总是要求记分员尽量提交细致实用的数据。当然，数据不是"收集完毕就了事"，也不是看了之后"似乎明白了个大概"就可以。唯有"对下一步决策发挥作用"，数据才算是有了意义。在野村看来，在不同人眼中，同样的数据可以是"宝"，也可以是"草"。

当然，有时野村也会有无视数据、只押宝队员的斗志、使球队赢得胜利的情况。

心可"小"，但须"强"

小心谨慎不是错，但同时必须坚强。

说起小心谨慎者，往往容易给人以"胆小怕事"的负面印象。但野村曾大方承认"论小心谨慎，恐怕没人比得过自己"。

　　野村在当棒球解说员时，其言语辛辣、毫不留情，因此给大众的印象是"大胆无畏"、"天不怕地不怕"。可其实并非如此。野村年轻时当过很长一段时间的接球手，因而养成了"预测最坏情况、思考如何应对"的习惯。在棒球运动中，接球手由于不得不慎重，往往会形成这种"容易担心"、"做坏打算"的性格特征。

　　即便如此，野村同时又强调"心灵不可脆弱"。比如，野村当年执教球队时，有个接球手说："自己无法（指挥投手）进攻击球手的内角"，其理由是"如果球触及对方击球手，自己就会面临在下个击球位被球击中的危险"。

　　这便属于"心灵脆弱"。脑中预测各种最坏结果并没错，可若因此而变得胆怯，进而无法尽到自己的职责，那最终只能吃败仗。在野村看来，心可"小"，但须"强"。

要成长，须博闻

多听少说。

越来越多的人开始认识到"博闻"的重要性。而野村早就如此,"多听少说"是他的信条。

常言道:"祸从口出",可见言过必失,且会带来坏事。鉴于此,嘴要少说,而耳则要多闻,从而收集和获取知识及信息——这便是野村的理念。

当年野村加入南海队时,心中怀揣着一个梦想。那就是通过 3 年的职业比赛历练,学习棒球的专业知识,然后凭此成为自己母校的校队教练,并让校队的球员打进甲子园。为此,他需要彻底吃透棒球理论,还要讲得连高中生也能听懂。所以当时每次在赛场边的板凳待命时,他总是会拿着一本笔记本。无奈当时南海队的教练鹤冈一人并不讲解什么棒球理论。

这使得野村的笔记本一片空白。直到邂逅了后来加入南海队的前美国职棒大联盟球员东·布雷泽,才给了他吸收棒球理论知识的机会。他积极向布雷泽求教,心得最终写满了整本笔记本,这成为他日后的宝贵财富。

换言之,野村通过自身实际经验明白了一个道理:若有成长进步的意愿,关键要学会多闻、锻炼多听。

第七章

把握机遇的秘诀

放下欲望，方能全神贯注

要赢得比赛，求胜欲不可少，

但最后必须抛掉它。

人在关键时刻却容易发挥失常。在野村看来，这是"欲望"在作祟。

"欲望"的确是人成长中不可或缺的要素。有欲望才有努力的动力，才能实现成长进步。可欲望一旦过强，就会在关键时刻影响自身实力的正常发挥。

1992 年的日本职棒系列赛的历史一幕便是典型。当时是养乐多队 VS 西武的第 7 战第 7 局的"一对一"下半局，养乐多队迎来了"一死满垒"（即一人出局，且一、二、三垒上分别都有跑手的状态，对于当时的养乐多队而言，此时是考验击球手的时候。）的机会。时任养乐多队教练的野村派出了"压箱宝"的替补击球员杉浦亨。可杉浦击出的球只滚到了二垒，这使得三垒跑手由于没有飞球而遭到击杀。

对此，野村后来分析到，杉浦当时由于敌方的投球正中其下怀，因此心生莫大欲望，觉得"自己要一定乾坤"，这反而使他发挥失常，连平时轻松就能完成的"牺打飞球"（一种"保底击球战术"，击球手即便因飞球而出局，也能保证自己队的跑手得分或进垒。）都失误了。

道理很简单，人一旦有了欲望心魔，动作就会变得僵硬，从而影响发挥。鉴于此，野村强调"求胜欲不可少，但最后必须抛掉它"。换言之，在关键时刻，人必须放下欲望，心无挂碍地专注于此时此处的任务本身。

比起结果，应更重视过程

关键在于"绝对不可仅凭结果论训斥队员"。

商战也好，竞技也罢，追求的都是结果，所以结果理想就会受表扬，结果糟糕就会被批评，这也是没办法的事。但在野村看来，倘若仅凭结果训斥队员，就会生出料想之外的弊端。

比如当击球手被三振出局后，如果教练只因这个结果而训斥击球手，那么为了避免再挨骂，该击球手今后便会把"不被三振"摆在第一位，从而陷入"只顾自保"的负面思维。如此一来，他就不敢再采取果断大胆的击球战术，而其自身的成长进步也趋于停滞。

鉴于此，比起结果，野村更重视其过程。还是以击球手的三振出局为例，面对该结果，野村首先会分析整个过程。假如该击球手考虑了投接手的球路、现场记分情况等各种因素，最终预判对方会投出曲线球，可结果飞来的却是直线球，因而被三振出局，那就证明，从理论或数据角度，该击球手的预判可谓合理，所以野村也就绝对不会予以训斥。不仅如此，他还会安慰球员道："胜败乃兵家常事"，并提出自己的建议。

可见，比起结果，"正确合理的过程"更为重要。如果能遵循正确合理的过程，那么好的结果便可以复制。

平日充分准备，方能决策过人

迅速正确的决策，源于平日的充分准备。

有一次，足坛名帅何塞普·瓜迪奥拉缺席了一个表彰仪式，当被问到理由时，他答道："我忙着分析下场比赛对手的赛场视频资料，还有 3 份资料没看完。"正是这份热心的研究精神，使他成为"名将中之名将"。

野村亦如此。在球员时代，他十分热衷于研究对手，以至于提出了"每天 3 场比赛"的理论。第 1 场比赛是指开赛前在休息室进行的"脑内模拟推演"；第 2 场则是实际比赛；至于这第 3 场，则是比赛结束回去后的回顾和反省。通过这几乎每天进行的"3 场比赛"，野村磨砺出了卓越的判断力。

无论是击球还是防守，棒球运动都要求教练和球员判断迅速。什么时候该出手，什么时候该变招，能否及时看清转折点并作出决策，便是胜负的分水岭。通过实际经验，野村得出的结论是"判断力不是误打误撞，而是平日缜密的准备所得"。

平日不加思考且只顾机械式地完成工作量的人，和一有时间就充分思考和准备的人，长期以往，二者在判断力和实际成果方面会拉开多大差距，想必人人都能想象得到。

幸运女神垂青准备好的人

要每日坚持训练，并相信机遇总会到来。

而一旦如此做好准备，

便能抓住迎面而来的机遇。

纽约大都会队的首任教练卡西·史丹格尔有句名言：
"所谓好运，只是给努力练习之人的附赠品而已。"换言之，
有的选手表面上似乎由于运气好而表现出色，其实背后是倍
于常人的努力和苦练。

　　野村亦如此。当年在加入南海队的第 3 个年头，他被提
拔为正式队员。至于其契机，缘于当时球队为了庆祝胜利而
开展的旅游兼集训活动。当时正值春季，目的地是夏威夷，
因此队里的不少前辈每晚都出去找乐子，可野村却独自坚持
挥棒练习。

　　不久后，时任教练的鹤冈一人终于忍无可忍，对一名玩
得特别疯的接球手大发雷霆，罚他不准参加与夏威夷当地棒
球队进行的友谊交流赛，并命令野村担任接球手代其出场。
结果野村在比赛中表现精彩，促成了一支又一支本垒打，成
了南海队 10 场全胜的功臣。这般优秀的表现，使得鹤冈在
接下来的赛季提拔他为正式队员。

　　野村当时成为被罚接球手的替补，其中的确有运气成
分。但假如他没有抓住那来之不易的出场机会、没能好好表
现，那故事也就到此为止了。可见，要想获得幸运女神的垂
青，平日的努力提高和实力积累不可或缺。换言之，是野村
平时脚踏实地的"准备"，最终为他招来了好运。

WORDS
OF
KATSUYA
NOMURA

72

苦恼之时，方为成长之机

越是遭遇失败、挫折或状态低迷，

越是提升自我的机会。

状态好和状态差——人在哪种情况下更能成长进步呢？

野村曾说，以前棒球界有句老话叫"状态不佳就去流点儿汗"。其意思是，状态差的时候，人会无缘无故地心烦气躁，进而无法作出冷静的判断，此时如果去埋头跑步等，出一身汗，就能忘掉自己竞技状态低迷的烦恼，从而找回精神安定的感觉。

从某种意义上来说，"状态差"其实有心理因素在里面。因此如果能够放松心态，就能冷静思考，从而找到摆脱低迷状态的头绪。此外，当遭遇失败、挫折或低迷时，人还会自然生出"一定要东山再起"的反骨精神，于是在练习中会比平时更加努力开动脑筋。而"成长的契机"便源于此。

前面讲过，正是野村当年自己在低迷期中的痛苦挣扎，促成了他那名为"ID棒球"的战术理论体系的诞生。可见，"低迷期"也好，"状态差"也罢，其实亦是一个人的成长之机。

要准备到"绝对能赢"的程度

第一层准备还不够，要再加第二层准备。

知名投资家吉姆·罗杰斯有句名言:"投资前要充分调研,不可止于'I Think(我认为)'的水准,要做到敢拍着胸脯说'I Know(我知道)'的程度。"

野村亦类似。在他看来,一支球队要想取得胜利并战绩出色,"准备"工作最为关键。而且按照他的理论,这"准备"包括两个阶段。举个具体例子,当一个球员位于击球员区时,其在分析分数差距、出界球数以及对方投手的特征和心理等要素的基础上,作出了"赌对方会投直球"的判断。做到这一步,几乎所有球员都会觉得"自己已准备到位",但野村则不同,他指出"这只是第一层准备,下面还有一层"。

换言之,野村认为,通过上述分析预判"对方会投直球"还不够,还要进一步做好"打全中好球"和"由上往下强力击球"的两手准备,至此才算是"准备到位"。职业比赛,面对的是职业投手,因此对方几乎不可能投出低难度的球。要想"一发必中"地打出漂亮球,就必须全神贯注地做好准备。唯有做到这样的"两阶段"准备,才算是准备好了。常言道,棒球比赛胜或败,准备占 8 成。总之,所谓真正的准备到位,应该是准备到"绝对能赢"的程度。

间隙定成败

棒球讲究"间隙"，

要在"间隙"思考和准备。

前面提到，野村重视时间。时间对人人平等，每个人一天都只有 24 小时，在努力的基础上，他十分强调对时间的有效利用。而对于棒球比赛的"间隙时间"，他的理念亦相同。

棒球比赛过程中有许多间隙时间，比如投球手和接球手之间交换"暗号"的时间等。换言之，有别于一些从头到尾节奏紧凑的体育竞技项目，棒球可谓"打一球停一下"。而在野村看来，这样的间隙是"思考和准备的时间"。由于"每一球情况都有变"，因此间隙可谓给教练和选手提供了"作战策略选择"的时间。

在一场棒球比赛中，上述间隙可能有几百次。在这样的间隙时间里，是像野村那样尽量把它作为有效的"思考和准备时间"来使用，还是漫无目的地任它流逝，二者的表现和战果自然会大相径庭。

商业活动亦同理。如何用好日常工作和业务中所生出的无数空闲时间碎片，将会决定工作和业务的成果。

总之，时间的确对人人平等，但也正因为如此，对它的用法就显得尤其重要。

"板凳上的态度"定强弱

板凳不是休息之所，而是准备之地。

有人说，在足坛，走马上任执教弱队的教练往往会先着手整顿球队脏乱的赛前休息室。其中心思想是"对决始于开赛前"。

换言之，一支球队的氛围和队员的态度，哪怕在赛场之外也会有所体现。按照野村的说法，只要仔细听场边板凳上的队员间的对话内容，就能判断该球队的水平。

如果板凳队员只会大声讽刺和数落对手，譬如"你们会不会打球啊"，"你们的接球手吓尿了吧"之类，那只能说这支球队水准低下。反之，如果板凳队员除了给自家打气时之外，其余时间都在认真观察比赛的细微动向、变化以及对手的战术策略等，并与身边队友展开讨论，那往往就是强队的象征。

为何会有如此差别？因为前者的队员不关注比赛本质，只是像普通观众一样茫然观赛；而后者的板凳队员则与场上的队友"同呼吸"，等于大家都在积极认真地参与这场比赛。所以说，弱队和强队的差距，即便在场边的板凳上也能一目了然。

第八章 —— 打动人心的奥秘

不懂就问不丢脸，
无知无学才是耻

执着于求教提问，会打开新的大门。

俗话说："求教一时耻，不问终生羞"，这句话亘古不变，在当代依然适用。

在当球员时，野村只要一有想知道或心存疑问的事，哪怕对方是前美国职棒大联盟球员，哪怕自己英语超烂，他都会大胆求教。比起"难为情"的胆怯，他那"想变强"、"想赢球"的求胜欲占了上风。

而在后来担任教练时，他依然保持着这种精神。当年执教养乐多队时，作为队内主力投手队列成员的川崎宪次郎一度陷入低迷状态。为此，野村建议他练好曲线变化球，可川崎很在意当时流行的"曲线变化球伤手肘"的说法，因此听不进野村的建议。

于是，野村找到自己并不太熟的前巨人队投手西本圣，因为曲线变化球是西本的杀手锏。野村向他请教，问："曲线变化球是否真会伤手肘"，结果西本答道："这是无稽之谈。"野村赶紧把这事儿告诉川崎，这让川崎终于接受建议，练成了曲线变化球，并最终获得"取胜数最多投手"的美誉。不少人觉得："请教别人丢脸"，但在野村看来，"无知无学才是耻"。

反省失败后，立刻向前看

木已成舟，覆水难收。

有错需要反省，但耿耿于怀则毫无意义。

一个棒球击球手即便失误率高达7成，只要剩下的3成概率能打出好球，就可以算一流了。可见在棒球运动中，失误失败是常事。正因为如此，野村指出：如果对既有的失误或失败无法释怀，则只有坏处没有好处。

对于队里走入该误区的球员，他当年经常劝导道："木已成舟，覆水难收。有错需要反省，但耿耿于怀则毫无意义。最后只是你一个人闷闷不乐而已，周围的人根本毫不在意。"

如果一名选手失败后满不在乎，觉得："这是没办法的事"，那么其等于停止了成长进步。但凡事过犹不及，倘若失败后纠结个没完，那也毫无益处。

以长岛茂雄为例，当他因失机出局而退场时，虽然当时会十分懊恼，但过一会儿就会调整好心态，鼓励自己："下次好好表现"。无论结果是好是坏，长岛都不会一直拽着不放，这是他的优点之一。

总之，失败后，要在间不容发的瞬间自我反省、找出原因；而在下一个瞬间，就要忘掉过去，积极向前。在野村看来，唯有做到这样的心态调整和转换，才称得上是一流选手。

一个人最大的敌人是自己

越想放弃之时，越要督促自己。

人生在世，势必会碰到无数次让自己心生放弃念头的困境。在野村看来，越是在这种觉得自己"已快不行"的时候，越是要劝诫自己"还差得远"。

按照野村的说法，即便努力练习挥棒，也不可能第二天就马上打出好球；即便努力研究对手球路，也不可能立即旗开得胜。由于努力不会立刻见效，因此有人会灰心丧气，认为："这个世界归根结底还是天才为王。自己没有才能，再努力也没用"，从而以此为借口逃避努力。这样一来，则万事休矣。

反之，若能在遭遇困难或瓶颈时认识到："自己还太稚嫩，这样的努力程度还差得远"，并认为"没出成果是努力不足所致"，从而坦诚地回归初心、愈发努力。

说"已快不行"的是自己，说"还差得远"的也是自己。鉴于此，野村指出："一个人最大的敌人是自己。至于是否能战胜自己，考验的则是当事人的水平和格局。"

79

要因人择言

言语的力量巨大，

因此选择话术要像选择投球一样，

分析和判断对方的想法和动向。

野村克也把"投球战术安排"分为3种：①以击球手为中心的安排；②以投球手为中心的安排；③以场上情况为中心的安排。至于投球战术的精髓，便在于如何统筹运用这3种安排。但要注意的是，无论哪一种安排，都需要平日观察和洞察的切实积累，否则投球战术安排会趋于单调重复，从而被对手看穿并乘虚而入。

　　此外，野村认为，在与球员交流时，也应该像"投球战术安排"般讲究。打个比方，即便接球手打算让投手攻击击球手的内角，从而使其三振出局，但这样的计划往往会由于投手的控球失误而泡汤，甚至送给对方击球手将计就计的机会。同样，教练在指导球员时，其言语也不一定能理想地传达到位。

　　也正因为如此，野村会根据球员的性格和反应，采取不同的言语和态度。这正如同"投球战术安排"一般，通过不断分析和判断对方的想法和动向，来选择此时此刻最为合适的言语和话术。

　　可见，交流并非单方面的灌输。要想让听话者理解和接受，"看人下菜"是关键。

言语能改变人生

咱们一起在棒球界掀起变革，创造历史吧。

野村克也当年执教南海队时，曾鼓励队里的投手江夏丰道："咱们一起在棒球界掀起变革，创造历史吧！"这句话后来成了"名垂球史"之言。

江夏原是超巨星级投手。在加入劲旅阪神队的第二年，他便创造了单赛季三振敌方击球手 401 次的战绩。对他而言，作为先发投手并投完全场是理所当然，他还创造过 4 次 20 多场连胜的纪录。哪怕在全明星赛中，面对太平洋联盟的一众顶级击球手，他照样曾让对方连续 9 次三振出局。在职业生涯的第 10 个年头，他转会至南海队，当时他的状态已不如巅峰之时，还受到血液循环障碍和手肘疼痛的伤病折磨，要他比赛时先发并投完全场已经渐渐变得困难。

面对这样的江夏，时任南海队教练的野村克也给出了"转型为救援投手（在比赛中，救援投手的职责是接替先发投手）"的建议。因为在野村看来，即便丧失了黄金期的速度，但江夏出类拔萃的控制力仍在。可当时依然认为"自己理应作为先发投手并投完全场"的江夏并未马上同意。鉴于此，野村便说出了上述鼓励的金句。对江夏这个热血男儿而言，"变革"一词说到了他的心里。

结果，江夏成为堪称日本棒球界模范的王牌救援投手。按照他自己的说法，他棒球生涯的前半段在阪神队，至于后半段的职业生命，则是野村给予的。

参考文献一览

1.《野村笔记》

［日］野村克也著，小学馆文库

2.《思考型棒球》

［日］野村克也著，朝日文库

3.《失败皆有原因》

［日］野村克也著，朝日文库

4.《逆袭之法》

［日］野村克也著，青春出版社

5.《棒球与人生》

［日］野村克也著，青春出版社

6.《激发"真正才能"的方法》

[日]野村克也著，青春出版社

7.《教练的格局》

[日]野村克也著，东方新书

8.《超二流》

[日]野村克也著，白杨新书

9.《领导的"识才力"》

[日]野村克也著，诗想社新书

10.《野村再造工坊》

[日]野村克也著，角川 ONE 主题 21

11.《什么样的人能出成果》

[日]野村克也著，集英社新书

12. 杂志《数字》

文艺春秋

13.《工作力　红版》

朝日新闻社编、朝日新闻出版

附录 野村克也箴言

序号	箴言
1	组织的能力大不过领导的能力。
2	领导有"信",则组织会正面发展。
3	最后要认定目标,敢于拍板。领导做"决断"时所需的,是"一切由我担责"的坚定意志。这便是"觉悟"。
4	依靠安排调配既有战斗力取得胜利,方为领导的职责所在。
5	"一切"结束后,方可放心。
6	教练在观察队员,队员也在观察教练。
7	若一味感情用事,则会失掉胜利。

序号	箴言
8	身为教练，必须分清"什么该烂在肚里"、"什么该告诉队员"。
9	即便不付诸言语，教练的思想和内心也会被队员感知。
10	"5W1H"确实需要，但指示要基于"HOW"。
11	要想慧眼识人和伯乐识才，看人时就要学会"回归白纸状态"。
12	只是摸索也无妨，"看人讲话"是关键。
13	失败之时，才是察觉自身错误之时。
14	对于表扬，须慎之又慎。因为其会将教练的见识和能力暴露无遗。
15	磨炼下属分3个阶段：无视、称赞、非难。
16	憧憬并模仿外表酷帅的选手，在此过程中历练出与之相符的内在实力，便成了真正的巨星。
17	留名留成绩自然重要，但更重要的是培养和留下人才。
18	若无人格成长，则无技术进步。
19	因为兼有"无法成为天才"的自卑感和"不想输给天才"的好胜之心，所以只能绞尽脑汁地思考。
20	组织拥有核心，方能发挥作用。

序号	箴言
21	"愿望思维"会让人一失二物。
22	是否把"满足顾客的期待"视为义务，可谓大相径庭的境界之差。
23	人事决定不可基于派系和情面。若在安排岗位和角色时不能做到位得其人，则组织必会腐坏。
24	具备"为了队伍"这种自我牺牲精神和责任感的人，方为领导之才。
25	一支队伍不可沦为嘻嘻哈哈的"友谊社团"。
26	许多选手都没有意识到一点，那就是"弱队如果向强队看齐，则永远没有机会"。
27	教练不是魔法师。若球队缺乏战斗力，教练再怎么指挥部署都是徒劳。
28	打人者健忘，被打者记仇。
29	人们常说："努力必有回报"，但其绝对的前提条件是"正确的努力"。
30	人的成果可以用"才能 × 努力"的方程式来表现。
31	努力不会立马见效。但若懒于努力，则无法打下基础，亦无从长进。

序号	箴言
32	但凡遭遇成长瓶颈的选手，几乎清一色是"框死自己"的人。
33	一流的人绝对不会满足现状。这便是一流和二流的关键差异。
34	通过"习得一技"而拥有的自信，能成为习得其他技能的底气。
35	为了发挥长处，要先弥补短处。
36	很多人都知道"努力必有回报"的道理。但真正去努力的却不多。
37	即便是有才之人，多数也会遭到淘汰。因为比起刻苦努力，他们选择了轻松安逸。
38	要原创，先模仿。
39	为了达成目标，思考"自己必须做什么"，并认真直面课题者，方能跻身一流。
40	人若缺乏"感知力"，则无法成长进步。
41	人在自我评价时，总会趋于自我感觉良好。唯有他人对自己的评价，才能真正体现自己的价值。
42	唯有打心底感到羞愧者，方能寻思改进之策。

序号	箴言
43	有的人一旦成为职业选手，就突然停止了成长进步。因为他们错把"成为职业选手"当成了自己的最终目标。
44	是输给自己，还是战胜自我。每日的积累，决定了最终的成败。
45	一个人是否能感染周围人"为其出力"，决定了其自身的前途。
46	散财之道，关乎自身将来。
47	年轻选手追随怎样的前辈，将决定其之后的棒球职业前途。
48	常常心系"支持自己的人"，才能努力到底。
49	人会下意识地沉醉于过去的成功。
50	相互研究、相互竞争。这样你追我赶的切磋比试，可谓无可替代的宝贵财富。
51	一流的人不加辩解，因为不言自明；二流的人却总是强调理由、推诿责任。
52	自己拼命努力的样子，必有人看在眼里。
53	"求变"没有年龄限制。人无论到了多少岁，都能改变自我。

序号	箴言
54	会安慰自己的亲密挚友，有一个或许便足够。
55	若相信自己、坚持信念，则必有人出手相助。
56	"都说这样就不会错"、"大家皆如此"……要杜绝这种人云亦云的轻率判断。应该自己去观察、去尝试，然后用自己的头脑去判断。
57	预备知识需"厚重"，先入之见应"轻薄"。
58	一旦状态不佳，不少选手往往会犯"一味关注技术层面"的错误。其实应该从三方面探明原因。
59	所谓"灵光闪现"，是平日积累的智慧在必要时机的"溢出现象"。
60	知识和教养可以光靠阅读获得，但还是无法与通过实际所见所触而得的经验相比。
61	唯有思考"如何把1天24小时好好利用"并付诸行动，才能在竞争中胜出。
62	肉体的衰弱无可避免，但投球战术变化无限。可大部分投手在年轻力壮时往往对战术不屑一顾。
63	对于对手，既要"见"其动作，更要"观"其心理。
64	依靠直觉时，要自问"自己是否已经绞尽脑汁并尽人事"，抑或只是"懒于思考而已"。

序号	箴言
65	在不同人眼中，同样的数据可以是"宝"，也可以是"草"。
66	小心谨慎不是错，但同时必须坚强。
67	多听少说。
68	要赢得比赛，求胜欲不可少，但最后必须抛掉它。
69	关键在于"绝对不可仅凭结果论训斥队员"
70	迅速正确的决策，源于平日的充分准备。
71	要每日坚持训练，并相信机遇总会到来。而一旦如此做好准备，便能抓住迎面而来的机遇。
72	越是遭遇失败、挫折或状态低迷，越是提升自我的机会。
73	第一层准备还不够，要再加第二层准备。
74	棒球讲究"间隙"。要在"间隙"思考和准备。
75	板凳不是休息之所，而是准备之地。
76	执着于求教提问，会打开新的大门。
77	木已成舟，覆水难收。有错需要反省，但耿耿于怀则毫无意义。
78	越想放弃之时，越要督促自己。

序号	箴言
79	言语的力量巨大，因此选择话术要像选择投球一样，分析和判断对方的想法和动向。
80	咱们一起在棒球界掀起变革，创造历史吧。

精进笔记

精进笔记